U0234007

NFT
METAVERSE
ECONOMY TOKEN

NFT
元宇宙经济通证

郭小川 郭勤贵 编著

北京理工大学出版社
BEIJING INSTITUTE OF TECHNOLOGY PRESS

图书在版编目（CIP）数据

NFT：元宇宙经济通证 / 郭小川，郭勤贵编著 . --
北京 : 北京理工大学出版社，2023.3
　ISBN 978-7-5763-2177-7

Ⅰ . ① N… Ⅱ . ①郭… ②郭… Ⅲ . ①区块链技术
Ⅳ . ① TP311.135.9

中国国家版本馆 CIP 数据核字 (2023) 第 041911 号

出版发行 / 北京理工大学出版社有限责任公司

社　　址 / 北京市海淀区中关村南大街 5 号

邮　　编 / 100081

电　　话 /（010）68914775（总编室）

　　　　　（010）82562903（教材售后服务热线）

　　　　　（010）68944723（其他图书服务热线）

网　　址 / http：//www.bitpress.com.cn

经　　销 / 全国各地新华书店

印　　刷 / 三河市中晟雅豪印务有限公司

开　　本 / 880 毫米 ×1230 毫米　1/32

印　　张 / 7.25　　　　　　　　　　　　　**责任编辑** / 钟　博

字　　数 / 138 千字　　　　　　　　　　　**文案编辑** / 钟　博

版　　次 / 2023 年 3 月第 1 版　2023 年 3 月第 1 次印刷　　**责任校对** / 周瑞红

定　　价 / 69.00 元　　　　　　　　　　　**责任印刷** / 施胜娟

图书出现印装质量问题，请拨打售后服务热线，本社负责调换为什么 Facebook 宁愿把自己的公司名字改成 Meta（元宇宙）？

为什么微软公司要花 687 亿美元收购顶级游戏公司暴雪去做元宇宙？

为什么我国各级政府出台了众多元宇宙扶持政策？

有人说，这是一场泡沫。那么，这个一时大热、风头无两的未来科技畅想，只是一个虚拟世界吗？如果说，这是下一个互联网，那么它究竟如何才能落地？如果我们正处在一个新科技变革的大时代，如何才能够享受发展的红利，不被时代所抛弃？

带着对这些问题的思考，我们想带领读者打开这本书，尝试回答这些问题。

或许不少读者的脑海中会有这样一种想象：元宇宙就是一个虚拟世界，只是这个虚拟世界比模拟游戏更大、更复杂而已。真的仅仅是这样吗？如果真的是这样，为什么还要提出一个新的名词？它为什么能吸引全世界的目光？

元宇宙绝不仅是一个虚拟世界，元宇宙可能是人类下一层级文明的开端。而让这一切发生的正是 NFT（非同质化代币）。可以说，虚拟世界 +NFT 构成了真正的元宇宙。

元宇宙之所以能够有资格作为人类下一层数字文明的开端，超越之前的数字虚拟世界，是因为它有三个重要的特点。

第一，自组织。自组织本就是人类当前文明的组织形式。每一个现实社会的参与者都因为满足自身的特定需求，不断进行合作、竞争、演化，最终形成了辉煌灿烂的地球文明。而这一切，并不是某一个上帝来统领设计的，而是自组织带来的。

第二，分布式。很多人认为传统社会是中心化的，但是，与现有的信息系统比较起来，人类社会其实是极度分布式的。可以想象一下，互联网信息系统有着众多的中心化关键基础设施，中心服务器、数据库、计算能力等都是关键的中心，当中心失效的时候，整个系统就会崩溃。而现实世界中，每一个人的大脑就是一个信息的计算与存储单元，天地万物也是自行存在，不需要依赖中心架构来保障。从这个角度来看，现实世界是比现有的信息系统稳定得多的分布式结构。而元宇宙，将突破原有的中心化信息系统结构，变得更加分布式，由此带来更强的稳定性、可靠性，更反脆弱。

第三，虚实融合。这里的虚实融合并不是指虚拟的图像与现实世界的融合，而是指虚拟的价值能与现实世界的价值打通。人们能够与在现实世界中一样，解决最重要的经济生活的问题。这样，元宇宙就不再只是一个游戏，而是与现实世界同等重要的、一个可以安身立命的地方。

那么，为什么元宇宙能够拥有这些特点？答案就是本书的书名"NFT：元宇宙经济通证"。正是因为基于区块链的 NFT，让元宇宙拥有了以上三大革命性的特点。

NFT 在我国又被称为数字藏品，它让元宇宙中的万物拥有了确定的产权，并且可交易、可流通，按照产权经济学的逻辑，催生了自组织、分布式、虚实融合的特点。那么，为什么 NFT 能够实现这些？

首先，从自组织的角度来看，NFT 带来了虚拟资产的产权确权，进而让元宇宙中的合作可以通过具有经济收益的交换来进行。这让所有参与者受到了经济激励，而自发进行自利的价值创造与合作。换句话说，这让自发的市场经济发生了。同时 NFT 的可编程性，也让它成为可以做堆栈的积木，让合作通过程序更可信高效地发生。

其次，从分布式的角度来看，NFT 所依托的区块链让元宇宙实现了从物理上到经济所有权上的分布式。物理上的分布式，是因为区块链自身通过分布式节点的方式在运行，自然在更上层承载的元宇宙就也具有了分布式的特点。在经济所有权上，NFT 是由众多创造者生产并拥有的，作为元宇宙的产权表达方式，NFT 也就导致了元宇宙的产权是分布式的，就像现实世界中的社会一样。

最后，从虚实融合的角度来看，元宇宙的 NFT 能够兑换成真正的经济价值，这也就意味着，你可以在元宇宙中工作赚钱，这些钱可以在真实世界中消费使用。这就让虚拟世界和真实世界的经济体系融合起来，达到了虚实融合的境界，让人们可以真正全职工作生活在虚拟世界中。

作为新生事物，本书难免有疏漏之处，但我们希望本书的思考能够为你带来一些启发，让我们一起探索、期待、投身于NFT这一元宇宙经济通证，让元宇宙未来能成为超越互联网的伟大存在！

本书的写作得力于联合作者郭勤贵律师的合作，以及金融博物馆的王巍老师的早期鼓励，在此表示感谢！

郭小川　2022 年 11 月 1 日

目录

第 4 章 NFT 铸造与发行 / 111

第
1
章

NFT 是元宇宙的
经济通证

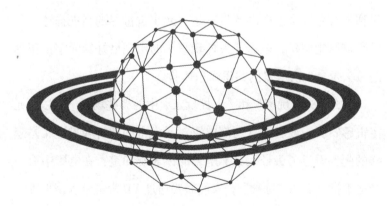

1.1　NFT 概述

1.1.1　电影还是现实：从《头号玩家》到《失控玩家》

　　2018 年 3 月 30 日，在中国和北美同步上映的《头号玩家》掀起一轮虚拟世界体验的风潮，同时也带热了当时正处于舆论焦点的 VR 技术，然而谁都没想到就在 3 年后，人们才突然意识到《头号玩家》中的场景正是对元宇宙世界的精准描述。与元宇宙诞生同年，电影《失控玩家》的出现恰好给元宇宙正劲的风头带来一次应景的共识娱乐体验。

　　那么《头号玩家》和《失控玩家》中的哪些场景给人以"元宇宙感"呢？或者说这两部电影对元宇宙的理解和描述又是怎样的呢？看过《头号玩家》电影的读者都知道，在电影中有一个虚拟世界名叫"绿洲"，人们需要通过 VR 眼镜进入该世界，并在该世界中进行打怪、升级、游玩和互动。人们扮演着"绿洲"中的角色，体验着在现实世界中无法实现的社交、娱乐场景，人们甚至只需在一个狭小的空间中便可游遍"绿洲"中的每一个角落。因此人们在"绿洲"中花费大量的时间和精力，就如同生活在这个虚拟世界中一样。不管交流互动、交易赠予，还是共同游玩和分享指导，这里满足了人们在日常生活中大量的社交和娱乐需求，甚至在现实生活中无法完成的场景和玩法都可以在这里实现。"绿洲"就像一个大社区，聚集着对现实失去盼望同时又渴望美好的人们。"绿洲"的价值观逐渐成为人们对待生活的价值观，人们或许不会看中在现实中的午餐是否丰盛，但一定会在意在"绿洲"中一次不小心的游戏失利而错失本可获得的大奖品。"绿洲"成为人们在现实生活中社交和娱乐的替代，这是《头号玩家》对元宇宙的诠释。

在角色设定上，相比《头号玩家》以人类为主角，《失控玩家》则把重心放在一个植入了人工智能模块的非玩家角色（NPC）上。演员瑞安·雷诺兹刻画了这位名叫盖的银行出纳员 NPC 被程序代码写入后表现出的心情、理想和其他 NPC 与玩家互动的反应，同时也让这部电影的观众看到人工智能在虚拟世界中可以达到的技术愿景。跟随电影情节的展开，对元宇宙有好奇和探索欲望的观众着实过了一把"假装在元宇宙里"的体验。与《头号玩家》的侧重有所不同的是，《失控玩家》对虚拟世界的经济体系、普通 / 会员玩家的区别、装备 / 道具的获得、进阶的游玩体验有较为完整的描述。在程序许可和人工智能算法的覆盖范围下，《失控玩家》中的虚拟世界给了玩家更大的开放度，玩家一边体验着已知的游玩乐趣，一边探索着游戏中的未知玩法和场景；《失控玩家》中的虚拟世界甚至还有从一个游戏主题的世界观变为另外一个的潜质，电影的结尾展示的就是这样一种情况——由一个"模拟人生"类的游戏主题转变为"未来岛屿"类的世界观场景。《失控玩家》把人们对元宇宙的想象又推到了另外一个层级。开放世界、探索未知、创新创造，这是从《失控玩家》中看到的元宇宙雏形。

通过这两部电影相信大家对元宇宙的概念形成了初步认知，然而元宇宙到底是什么？以上描述其实还远远不足以表达其内涵。为了对元宇宙有更深刻的认识，下面通过几个案例为大家一一剖析。

1.1.2　游戏、艺术还是资本：从加密猫到 Beeple

要详述元宇宙，不得不提到 NFT。或许你对 NFT 还没有太多概念，但如果你对区块链领域有一定了解，就一定听过一个非常早期的"类 NFT"项目——加密猫。加密猫（官方名称为"迷恋猫"）于 2017 年年末出现在人们的视野中，是类 NFT 项目，因为当时人们对 NFT 还没有什么概念，只认为它是一款区块链游戏：可以认领、可以养成、可以培育，并具有独一性，在各种属性的加持下还有可能获得被市场认可的高价而进行售卖。高价达到多少？有一个例子：2018 年，一只名叫 Dragon 的加密猫以 600 个以太坊（价值 17 万美元）的价格完成交易。截至 2018 年 10 月，已有 100 万只加密猫被培育，同时在其项目的智能合约上的交易频次达到了 320 万。当 NFT 的"旋风"在 2021 年刮起后，人们才意识到当年的加密猫与 NFT 资产有异曲同工之妙。

下面另举一个 NFT 知名案例。昵称为 Beeple 的美国数码艺术家迈克·温克尔曼（Mike Winkelmann）创作了一幅数字作品《每一天：前 5 000 天》。2021 年 3 月 11 日晚，这幅作品在纽约佳士得长达 14 天的网络拍卖竞价中，最终以 6 934.625 万美元的价格成交，折合人民币 4.5 亿元。细心的读者可能发现了，这幅作品其实是由 5 000 幅独立作品拼贴而成的巨型数字作品。作品的创作过程需要追溯到 2007 年 5 月 1 日，身为数码艺术家的迈克·温克尔曼在网上发表了第一幅作品，在之后的 13 年半时间里，他每天都创作并上传一幅新的作品，并取名为"每一天"。在创作之初，他的作品只是一些平凡简单的绘画，随着他开始加入更多的立体技术，作品也随之融入抽象的主题、色彩和形态，以及重复的元素。在创作的最后 5 年中，他的作品开始反映时代特征，并包含对时事作出的回应。细看他的作品，人们会很容易发现奇幻、荒诞甚至怪异的图像，同时感受到迈克·温克尔曼强烈的个人感情色彩。

不像使用其他技术的项目更新换代，基于 NFT 技术的项目案例并不是简单的由初级到高级、由基础向复杂的进化过程。不管 NFT 过去的案例是什么样的，近期又产生了怎样的 NFT 现象级项目，不管是搭建在游戏框架下的 NFT 项目，还是走简洁却高端的艺术收藏品市场的 NFT 项目，每一个被人们所熟知并广为流传的 NFT 项目的共同点都直指人心，深入到人们的底层需要：由单个或一小部分群体产生的共鸣形成公众效应的共识，而后又被广泛赋予共识，随着在人们中间的流转形成价值，价格信息先于交易活动在更大的范围进行传播，在此过程中 NFT 不断地寻找"下家"，也不断地拥有增值的公众认知，如此持续循环下去。

NFT 究竟是游戏的载体，还是艺术表达的一种形式，抑或是在日渐趋于稳定共识下的一种资产？当人们逐渐触及 NFT 的本质时，这些或许已经不那么重要了。因为当一群人还在为 NFT 定义争执，为解释它寻找含义更丰富的词语时，另外一群人已经悄然将 NFT 推向了另一个扩展人们认知的领域。

1.1.3　身份与穿越：拥有 CryptoPunk

如果一个人只关注什么是当下最流行、最新潮、最火爆的事物，或许她／他永远都赶不上时代。对于 NFT 也不例外，在千万双眼睛只盯着当下的风口与潮向的同时，就像有一只无形的大手不停地运筹帷幄，甚至穿越时间与空间，调配着在每一个时代会引人注目的元素及配方。于 2017 年问世的加密猫在 2021 年被人们归纳进 NFT 类目，将 NFT 技术及概念炒到风口浪尖的 Beeple 的数字作品《每一天：前 5 000 天》也并不是一夜爆红的产物。有价值的事物往往需要积淀，对于 NFT 来说更是如此。人们总是会对经得起时间考验的东西更有安全感及产生信任，在历史长河中对待各类价值载体如黄金、名画、钻石是如此，对待 NFT 亦然。

CryptoPunk，作为又一个功能类别的 NFT，不仅打开了人们对 NFT 存在形式认知的视野，也依然遵循着人们看待与理解价值事物的规律。2017 年 6 月，CryptoPunk 在以太坊上首次发行，它是美国一家名为 Larva Labs 工作室旗下的一个项目。CryptoPunk 的声名大噪同样是由于它惊人的售价。稀缺的发行设置伴随着市场的良性反馈不断发酵，使其价格不断攀升并最终在本就火爆的 NFT 市场和话题热度上"组团出道"。CryptoPunk 总量为 10 000 枚且每一枚均独一无二，任何一个 CryptoPunk 头像的 NFT 价格始终在高位徘徊，这是使它具有持续话题性的特点。CryptoPunk 原本只是 24 像素 ×24 像素的头像图片，通过数字算法产生，头像有男生、女生，也有极少数为猩猩、僵尸和外星人的形象。根据 CryptoPunk 官网的信息，迄今为止其总市值已达到 15.6 亿美元，同时目前售价最低的 CryptoPunk 头像为 96.5 ETH，约折合 42 万美元。截至 2021 年 10 月 28 日，价格最贵的 CryptoPunk 头像是 CryptoPunk #9998，以 124 457 ETH 的价格成交，约折合 5.32 亿美元。

CryptoPunk 头像既不是来自一款游戏，也不是具有高艺术价值的作品，为何它的 NFT 价格会集体走高？CryptoPunk 又会为人们打开一个怎样的 NFT 新视界？正如先前所说，每一次潮流的来袭都很难是单一主体具有远见视野，从而刻意布局或故意为之能产生的效果。CryptoPunk与加密猫同样产生于2017年，而在那个区块链概念火热与各相关项目齐飞的年代，它们只不过是众多区块链游戏与分布式应用中的其中两个。

　　总结CryptoPunk能"出圈"并被人们记住的原因，除了和比特币、加密猫、《每一天：前5 000天》同样获得了先天优势外——在所在领域一马当先、独占鳌头，CryptoPunk也恰好切入了一个在当今时代天然具有共识的领域：头像。头像既是每一个互联网用户在注册及登录任何平台上不可或缺的元素，也是数字时代下身份的象征。人们构建身份、交互与认同的方式已然与历史中任何一个时代都产生了区别，朋友、邻里甚至同事这样需要后天发展的关系正在以一种新的方式形成，商业关系也早已因多种多样的社交媒体、办公软件和电子合同平台的兴起而悄然成为人们既熟悉又陌生的形态。人际关系的网络正在与跨越时间和空间的信息网络交叠甚至部分重合，交错期间的身份及其体现出来的信息内容更是在不断更新迭代的技术支持下呼唤一种新的展现方式。有趣的是，传统的头像并不能达这个效果或功能，因为在互联网上找到好看的图片并下载是一件近乎零成本的事情；然而CryptoPunk头像却可以承载这个时代下的身份认同，具体体现在以下三个方面。第一，CryptoPunk的总量为1万枚，体现了其稀缺性，为其赋予人们普遍认同的价值属性；第二，CryptoPunk头像简洁，可记录在无法篡改的区块链上；第三，CryptoPunk 头像以各种角色的头部形象为主要呈现方式，从功能上限定了人们使用该 NFT 的范围（即头像图片），该范围也恰好出现在人们常见且易于理解的领域，加速了其有效传播。

可见每一个既叫好又叫座的 NFT 都深入到人性底层的社交与价值认同刚需，同时新的网络技术在为人们提供便利的同时，也在悄悄替换着传统的生活方式，逐渐唤醒貌似仅有 NFT 才可满足的人际沟通与价值交互痛点。

1.1.4 揭开 NFT 与元宇宙的神秘面纱

上述现象和案例足以引发人们对 NFT 及元宇宙的思考，有心的读者会发现它们并不是空穴来风，也不是一时炒作所兴起的热潮，而是具有能够"自圆其说"的社会、人文与经济属性。单看这些现象本身，或许会让人产生更多的疑惑，诸如元宇宙是否就是游戏及两者的区别是什么、元宇宙的展示形式会以怎样的硬件终端为主呈现、VR 技术的各方面实现是否能代表元宇宙的完整图景、NFT 是否是携带非同质内容的通证、NFT 是否可承载所有内容、NFT 和版权的区别是什么等。剖析现象看本质是本书的首要原则，在众多疑问中只有解答"NFT 与元宇宙的关系"才能为大家带来更清晰的思路了。无论讲解 NFT 还是分析元宇宙，想要透彻理解与之有关的一切谜题及在其中运转"万事万物"的层层叠叠的逻辑关系，都离不开厘清 NFT 与元宇宙之间微妙联系的过程。

"NFT：元宇宙经济通证"，正如本书的书名所述，NFT作为存在单元，其价值附加属性为其在元宇宙中赋予了基础且独特的位置，而无论中文还是英文，无宇宙（Metaverse）的字面意思都是"更多维或者超越的宇宙"（词根 Meta 可译为"超越"和"关于"两种意思，因此无论解释为超越的宇宙，还是关于宇宙的宇宙，从实用性和哲学上来看，似乎都在表达两种含义，但又具有神奇的相互指代、相互包含的意味）。NFT 从表面上来看是组成元宇宙的最小单元，但它在更深层次上映射着与其相关元宇宙的规则和逻辑，两者俨然是不可分割与相互依存的关系，它们在不停地敲击着人们对物理世界组成与产生真谛的认识。本书接下来的内容将以此论述为切入点，为大家逐步揭开 NFT 与元宇宙的神秘面纱。

1.2　NFT 简史

1.2.1　NFT 的定义与争议

NFT 到底是什么呢？它来自一个英文单词——Non-Fungible Token，意为"非同质化代币"。在中国，为了准确地反映其业务内涵，我们将其称为"数字藏品"，以减少人们把它当作数字货币的误解。在本书中，有时为了探讨其技术本源，会同时使用其中文名称和英文名称，请读者注意。那么什么是非同质化代币呢？它是指在一条区块链上唯一且不可被替换或交换的数据单元（或称作通证或代币）。这从书面词义上不太容易理解，简单来说，就是这种通证具有不可被替换性。这其实是相对于普通的代币或通证来说的，在区块链领域人们认识的代币或通证大多为同质化代币，如比特币、以太坊，即一枚比特币可以被另一枚比特币替换，同样的一枚以太坊可以被另一枚以太坊替换，因为同类型的通证之间不具备差异性，属性和价值一样，可以相互置换。那么人们会问，同质化和非同质化的区别是什么？为什么会有非同质化通证的出现？它的具体功能又是什么？

确实，在 NFT 出现之前，人们几乎不会注意到在技术上一枚通证是同质化的还是非同质化的。然而，我们可以再对其定义进行更深一层的深挖：导致通证的同质化和非同质化的因素是什么呢？是附着在通证之上的信息和内容吗？正确。举例来说，一枚比特币之所以能被换成另一枚比特币，根本原因就在于附着在两枚比特币上的信息一样，因此无论进行怎样的置换，其价值依然不变，因此也不会引起人们的关注。这样来说，NFT 技术像是在比特币技术的概念上添加了一层将通证之上的信息进行区隔化或自主化的设置，那么其作用究竟是什么呢？我们可以先从在通证之上承载的信息展开。这样的信息也可以称为内容，在 NFT 技术实现的加持下，该内容除了可以是文字之外，还可以是图片、音频、视频，甚至是同样具有唯一属性另外类型的数字文件。

由此，除了像比特币这样的应用可以在区块链上通过加密技术传递信任和价值以外，区块链的"通证纪元"从 NFT 开始才对可附着于通证之上的内容在加密网络中（间）进行传递。

可在通证上存放不同的内容是什么概念？无论文本、图片，还是音频、视频，任何我们能想到的数字内容均可附着在 NFT 之上。NFT，作为一种简单地在通证技术上进行更新迭代的区块链应用，足以打开人们对由此衍生出来的商业空间及想象。凡是我们能想到的、可数字化的任何一种内容形式，如小说、艺术画、音乐、短视频、电影、专利文件，甚至一串集创意与智慧于一身的代码，均可被承载在 NFT 上，因此与这些内容有关的确权、授权及被授权使用等行为也可以找到能扭转其命运的归属。我们都知道，自互联网进入人们的视线以来，一个又一个传统行业被冲击，特别是图书出版和音乐这些与版权息息相关的领域。

在互联网时代，音乐并不是被赋能的，反而像走在"被灭绝"的边缘。这么说诚然过于夸张，然而这也改变不了音乐行业的各个营收方式因互联网而被切割、打碎直至消亡的事实。曾经为音乐行业带来可见营收的磁带、CD 和随身听等产品随着互联网技术的普及而逐渐淡出人们的视野，通过互联网技术实现的文件上传及下载功能使音频传播的效率大大提升，同时也让正版音乐面临前所未有的盗版危机，为求生存的音乐人及相关从业者不得不另辟蹊径，为音乐行业的变现寻找新的出路。然而，在互联网信息爆炸的冲击下，这些改变无异于杯水车薪。只有获得大流量用户关注的音乐机构及公司才有资格谈生存和发展，更别说本身资源和实力相对弱小的原创音乐人了，华语流行音乐的黄金年代也在不知不觉中随着互联网的兴起淡然终结。

音乐行业只是在互联网冲击下的其中一个案例。虽然便捷的互联网也产生了新的内容传播形式，但不论小说家、音乐人，还是画师、艺术家，被互联网改造的社会形态留给创作者的空间和与其作品价值相称的收益激励可谓每况愈下。如此看来，在这样环境中诞生的 NFT 技术犹如一颗明亮的新星，它的光芒将借着其上可承载的各样内容照亮并温暖创作者的心田。作品品质与价值齐飞，这是每一位创作者盼望的理想状态。

NFT 技术的实现应该可以说是创作者的福音，然而 NFT 技术仍处于发展的早期。就像每一个新生事物的出现都会迎来野蛮生长的阶段，NFT 也不例外。NFT 初兴，万象丛生。自 NFT 诞生以来有一些问题一直是人们争论的焦点，部分 NFT 作品也因此产生了较大的争议。NFT 的兴起将带来一条逐渐走向成熟的产业链条，然而在初期这条链条吸引进来的不一定是价值创作者，也有可能是仅有创作能力的人。除了有真正价值创作能力的人仍隔着"一堵城墙"在观察和了解 NFT 之外，NFT 作品本身也迎来了"是非之争"。

关于 NFT 的定义、形态和功能，涉足该领域的企业、团队和个人无一不在探索着向前行进、摸着石头过河。正如"一千个读者就有一千个哈姆雷特"，人们对 NFT 的理解、看待 NFT 的角度不同，执行 NFT 项目、生产出的 NFT 产品形态就会不同。而在这些不同与不同之间，便产生了"谁才是真正的 NFT"之争。不过让所有人都受益的是，通过这些争论能追加我们对 NFT 的思考和让我们看到 NFT 的本质。综上所述，由于 NFT 的创作者因素和 NFT 的作品属性，市场舆论已经催生出一系列问题，如 NFT 需要在什么样的环境中以什么样的方式产生、什么样的作品是 NFT、NFT 的应用范围是什么。而这些问题的实质归结起来主要有三个方面：生产 NFT 的方式、NFT 的原生价值属性、NFT 的产权与版权归属。

众所周知，NFT 是基于区块链实现的技术应用，因此人们自然想到与 NFT 有关的作品就应该是数字化的，其生产方式也应该是基于数字化的创作。在历史上的东西方文明中，一个艺术作品或品类都依托于支撑和容纳它的技术与平台，无论西方基于制布技术的油画、基于雕刻技术的雕塑，还是东方基于制陶技术的陶瓷、基于纺织技术的刺绣都是如此。由此，回顾在市场上那些引爆话题的 NFT 作品，其从生产方式上来看似乎也都遵循了这一法则。《每一天：前 5 000 天》中的每一幅单幅作品都来自数字创作，CryptoPunk 是通过算法运行产生的 1 万份头像 NFT，而加密猫是从区块链游戏中诞生的产物，人们恰是意识到它们符合 NFT 的特性才将它们归于其类。与此同时，那些在这方面有争议的 NFT 作品是什么样的呢？自 NFT 概念火爆以来，国内外产生的一批 NFT 作品是通过烧毁原作铸造出来的。这里说的"原作"均指作品的呈现方式是在实物的某一载体上。其中比较有名的案例是著名街头艺术家班克斯（Banksy）的一幅作品《Mornos》（《白痴》）被铸造成 NFT 并被持有者烧毁。事情的起因是一个名为 Injective Protocol 的区块链公司从 Taglialatella 画廊以 95 000 美元购入《Mornos》这幅作品，将其铸造成 NFT，并将该实物作品烧毁，同时全程进行视频直播，随后该作品的 NFT 版本被以 38 万美元的高价售出。主导该事件的 Injective Protocol 区块链公司称这么做是为了以此激励技术爱好者和艺术家们。该事件与《每一天：前 5 000 天》NFT 作品被高价竞拍成交发生的日期相近，而事件的主角《Mornos》却与一战成名的《每一天：前 5 000 天》有着截然不同的命运：《Mornos》饱受社会各界的争议。Injective Protocol 区块链公司的发言人称烧毁《Mornos》画作本身就是一种艺术的表达，也有评论说《Mornos》作为 NFT 作品的诞生预示着 NFT 技术将给艺术作品带来第二生命——虽然不再以实体画作的形式存在，却以 NFT 的形式在区块链上获得了"永生"；而另外一种声音则称"画作持有者损坏艺术作品不配称为艺术爱好者"，同时也有评论家表示作品的核心应在于作品内涵和创作者本人，而不能通过销毁带来区块链上的唯一性和以此种方式制造出来的狂热来衡量某一作品的价值。就班克斯本人来说，有网友表示班克斯自己也有过毁坏自己作品的行为，这次事件也算得上是一次致敬。

艺术作品和艺术行为都可称得上艺术，而就艺术作品本身而言，有言论始终认为独立价值来源于原生作品，无论是原生数字作品还是原生实物作品，其产权与版权都可追溯且均有相应载体，而由实物艺术作品转化而成的NFT作品从严格意义上来说只是为原生作品添加了一层特有的数字权益，其价值不能等同于该实物艺术作品的价值。诚然，虽然艺术作品的传播及其价值在此过程中的递增很重要，不过艺术作品的来源和其载体也占据着不可忽视的重要地位。如果简单地将通过其他任何艺术形式而产生的艺术作品"搬运"到NFT上来，相信这样的NFT作品也会失去其"本味"，会让人对艺术作品的认知产生混乱，其价值的高低也将处于"公说公有理，婆说婆有理"的局面，无法达成广泛共识。相信围绕某一NFT作品的争议和争论不会消失，而我们总是能从这些争议和争论中有所收获的就是关于NFT这一技术应用和艺术形态的深刻洞见。

有关"什么才是NFT"，人们除了关注NFT的产生方式或产生环境之外，NFT的原生价值也备受瞩目。什么是NFT的原生价值？它是指NFT的加密性、交易性与唯一性（稀缺性）。加密性是指它必须存在于区块链上；交易性是指它需要有自由交易的属性；唯一性（稀缺性）则以它本身可承载的包括文字、图像、声音和视频的各类内容为基准，是指它具有不可替代性。这场争论的焦点主要在国内。由于国内对数字货币交易是严令禁止的，有些人错误地认为 NFT 也是数字货币，也因此认为 NFT 是国家不允许交易的。为了避免这种不准确的认识，在中国我们使用"数字藏品"的表达来避免产生混淆。同时加密性和稀缺性在 NFT 于国内发行的过程中也使人们在头脑里产生了大大的问号。其中，支付宝发行的《伍六七》NFT 皮肤成了这场舆论的焦点。支付宝在《伍六七》NFT 皮肤的相关属性描述中明确说明："NFT 数字作品的版权由发行方或原作创作者拥有，除另行取得版权拥有者的书面同意外，您不得将 NFT 数字作品用于任何商业用途……所有 NFT 数字作品的内容和版权由发行方单独承担责任。"其大体的意思就是，即使你买了这份 NFT，版权仍属发行方所有，而且很多在支付宝发行的 NFT 都规定"不能转卖、炒作与场外交易"，只有在满足一定条件后才可以赠送。因此，支付宝《伍六七》NFT 皮肤的交易性近乎为零，版权所属也没有在首次发行时发生根本性转移。同时细心的网友还发现，支付宝 NFT 皮肤首先来源于伪需求，NFT 皮肤上确实有一个专属代码，但皮肤外观都是一样的，并没有稀缺性和唯一性的体现。甚至在此设定下，支付宝 NFT 皮肤是否是发行在区块链上的也未可知，这在人们心中留下越来越大的疑问。由此，有犀利的评论声称，"支付宝卖 NFT 皮肤，卖的不是 NFT，而是流量"，支付宝只不过沦为蹭 NFT 热度和拿 NFT 作宣传噱头的大军中的一员而已。一些行业人士认为，不使用去中心存储机制的 NFT 都可以算作伪 NFT。而支付宝《伍六七》NFT 皮肤这样的 NFT 产品与其说是"阉割版"NFT，其实从某种意义上来说也可以归为伪 NFT 一类。这些想法都把 NFT 的理论理想状态硬生生地往现实里套，不允许产业的渐进式发展，是拔苗助长，不利于技术创新落地。

如果你曾购买过一枚 NFT，那么躺在你钱包地址中的 NFT 到底是什么？其为你带来的相关权益又是什么？人们在思考 NFT 到底为何与获得 NFT 又意味着什么时，自然会联想到与之有关的产权和版权归属问题。与之有关的一类案例是可以确定的，如《每一天：前 5 000 天》、CryptoPunk 和加密猫这一类 NFT，由于每一枚 NFT 都是唯一的，因此产权和与之有关的版权问题就非常明晰。首先，你所购买的 NFT 所有权是你的；其次，基于其产生的授权、抵押等行为在法律上也能找到相关依据。而对于发行的没有唯一性和稀缺性的这一类 NFT 在这方面就遇到了许多阻碍，我们可以回看支付宝《伍六七》NFT 皮肤案例。关于你购买的支付宝《伍六七》NFT 皮肤的版权，在属性描述文字中已经说明，不归购买者所有，仍归发行方和原作创作者所有；关于其所有权，属性描述文字中也表达了你不能转卖和用于商业用途，只能在有限条件下进行赠予，即你的所有权也受制于支付宝 App，你仅有使用权、展示权和限定条件下的赠予权，这也不符合所有权的定义。因此，即使你购买了支付宝《伍六七》NFT 皮肤，也没有其版权和所有权，只有使用权才算是可以完全支配的。

因此在这里，对于那些非唯一发行的 NFT 就遇到了一个与版权和所有权有关的深层次问题，该问题甚至还涉及非常专业的版权归属和版权使用领域。在这里，我们不做详细展开，仅通过另一个案例来说明其争议点情况。2021 年 8 月 18 日，网络上爆出一个令许多 NFT 从业者都值得借鉴的新闻："佩佩蛙 NFT 由于版权问题从 OpenSea 交易平台上下架"。许多新闻文章称其原因是 OpenSea 交易平台收到了佩佩蛙原作者的相关版权未被授权的通知。对于由任何一个 IP 发行的 NFT，且不说发行的是唯一内容的 NFT 还是非唯一内容的 NFT，单是该 IP 通过 NFT 发售后的版权归属问题都值得认真分析和研究商榷。首先该 IP 版权的全品类授权是否通过 NFT 的发行移交出去了？答案是否定的，先不说 IP 版权被切分成若干份售卖，仅是该 IP 版权是否只是出售数字版权这个问题其实都是未知的。按理说，在 NFT 属性中没有更多有关版权的详细注明，购买者实际购买的不过是一张记录在区块链上的图片而已。如果 IP 版权将其特有在 NFT 上呈现的单一内容通过 NFT 售卖转让出去了呢？其实这个问题并不是 NFT 技术能解决的，而恰好是版权所有者在相关 NFT 发行过程中进行项目运营时需要解决和回答的——其单个 NFT 内容授权的解释方是版权所有者，同时该单个 NFT 内容授权的合法权益是需要由版权所有者来交付购买者的，同时 NFT 属性描述中也需要有类似"当发行和购买过程完成时，即仅限于NFT内容的所有权包含商业授权权益自动转让给购买者"的字样。

　　IP授权领域本身就具有较为成熟的业态，在NFT属性描述中出现上述文字对于任何一家版权所有者来说几乎都是不可能的事情，特别是在目前NFT技术和产业发展仍处于早期的阶段。从佩佩蛙NFT从OpenSea交易平台上下架这个事例可以看出，当关于IP发行NFT中最关键的，如"IP是否有意愿发行相关NFT或IP完全授权一家发行方来发行其NFT"这类问题都没有解决时，上文提到的"NFT与版权转让"的相关议题无从谈起。这样看来，由IP发行的NFT从某种意义上来说更像商品，而非资产，因为IP发行的NFT缺少资产所需的许多属性。确实，由一家IP来发行NFT是版权商业和NFT内容发行的交叉问题，或许只有当市场上出现越来越多的IP版权NFT案例时，这类问题才能得到令人满意的解答。在NFT和其有关的产权和版权争议问题上，除上述和版权源头有关的讨论外，与NFT的应用场景有关的讨论也不乏少数，如NFT钱包是否满足NFT持有者应有的权益、与NFT关联的智能合约是否仅通过NFT交易平台来实现等，这类已经由NFT延伸到NFT应用场景的探讨与NFT产权和版权问题有关。不过这些内容在这里不多展开，后续内容将围绕其进行更多、更深入和更详细的论述，相信这样能为各位读者以清晰的逻辑捋清思路和解答与之有关的更多问题。

1.2.2 NFT 演化的里程碑：人物与事件

为了给读者呈现更加立体与多维度的 NFT 演化历程，本部分内容将融合 NFT 的纵向与横向历史进行叙述。纵向历史是指 NFT 从技术向、原生内容向的溯源；横向历史是指 NFT 的各经典案例在时间轴上的展开。

1. 从 20 世纪 50 年代起：生成艺术

要对 NFT 这种艺术形式进行根本上的溯源，就不得不提到早在 20 世纪 50 年代就兴起的生成艺术（Generative Art）。生成艺术的先驱 Herbert Franke 在他的实验室做了一个摄影实验，实验的过程是他拿着朋友的计算机在示波器上生成图像，然后从开着光圈的移动摄像机中拍摄图像，如图 1-1 所示。

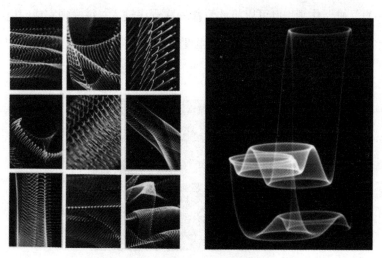

图 1-1　在示波器上生成图像

这里所提及的生成艺术均指艺术家/科学家使用计算机所生成的艺术性图画或作品,因为历史上有的生成艺术是艺术家/科学家通过病毒或生物的演化、行进路径生成的。生成艺术的另外一个经典案例来自20世纪60年代,曼彻斯特大学的德斯蒙德·保罗·亨利(Desmond Paul Henry)用原本在轰炸机上使用的"投弹瞄准器"制造了一个"绘画机器",如图1-2所示。该机器通常装备在战斗机上,在陀螺仪、电动机、齿轮、望远镜的作用下,综合风向、距地面高度、航偏角、炸弹质量等复杂因素计算出准确的投弹点。德斯蒙德利用了该机器的这一特性,"教育"机器拿起笔作画。"投弹瞄准器"也可以说是计算机的一种,但它和计算机不同的是不能编程,无法按预定程序执行口令,也无法存储信息,因此德斯蒙德每次都需要"教育"机器作画,也可以将此看作一次程序输入。每幅画完成时,机器所作的精细线条和复杂程度极高的多维曲线变化所展现出来的艺术效果着实让人眼前一亮。

图1-2 绘画机器

随着计算机的普及，人们更多地使用计算机程序作画。其中一名艺术家名为 Vera Molnàr，因为她经常研究几何形状和线条的变化，所以她用早期的编程语言 Fortran 和 BASIC 生成了画作，并经常将它们展示在原始的印刷纸上，如图 1-3 所示。

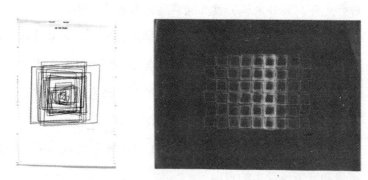

图 1-3　艺术家 Vera Molnár 用编程语言 Fortran 和 BASIC 生成画作

数学家 Frieder Nake 从德国艺术家前辈 Paul Klee 创作的一幅画中找到了计算机算法作画的灵感，他总结 Paul Klee 作品中垂直线和水平线之间的比例和关系并将其植入算法，生成了作品《Hommage à Paul Klee（1965）》，如图 1-4 所示。其原理是在计算机中预先设定一组变量，从而使计算机拥有设计和决策的能力。

详细阐述生成艺术的历史，原因在于其奠定了 NFT 的艺术根基。许多其后发生的有关 NFT 的争议也是来源于人们对根植在 NFT 之上有关生成艺术元素价值的肯定和对该价值观的坚持。NFT 确实代表着一种新的价值观，该价值观的源头是科技，是相信"随着技术的发展也能展现其独有的艺术形式"的观念，其根本则来自生成艺术，生成艺术是该观念发展下的先头军。生成艺术从某种程度上赋予了 NFT 在整个艺术领域的独特位置，也为 NFT 覆盖了一层"它其实是可以独立存在"尊严光环。展开来说，就如同其他艺术形式一样，NFT 并不是其他艺术的附属，也不是其他艺术呈现的工具，而是有其自有的艺术形式和属性，也有其来由和源头。NFT 可独立于其他艺术形式而存在，因为它有自我表达的基因和密码。因此，我们了解了生成艺术，也便更能了解 NFT 是作为一种艺术形式而存在的，从而更加理解为何在 NFT 的世界中会有各种各样的声音和其争议发生的根由。

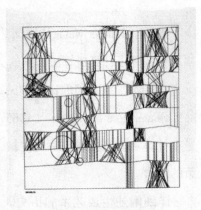

图 1-4　数学家 Frieder Nake 使用计算机程序作画

2.1993 年：加密交易卡

其实在第一枚 NFT 出现之前，就有人提出了类似 NFT 的概念，这个人是 Hall Finney。当时他在一封邮件中提到了一个叫"加密交易卡"的概念，并称这样的卡片是加密艺术，它具有交易属性，可以承载数字签名，同时具有一定的隐秘性，如图 1-5 所示。他还说这样的卡片"你的朋友会毫无疑问地喜爱"，并且会"交易它们"，同时有人还会迫不及待地要集齐一整副，"从第 1 个普通款到第 50 个稀有款，一直到第 1 000 个更少见的款式"。听完上面 Hall Finney 的描述，你是否觉得很熟悉？没错，Hall Finney 毫无疑问是第一个提出类 NFT 概念并完整表述其相应功能的人。即便是将他的描述放在今天，依然让人不得不对他的洞见和认知感到震惊。据很多知情人士透露，Hall Finney 当时在邮件中对该"加密交易卡"的表述纯属是玩笑话，而现在有很多人却认为 Hall Finney 在当时无异于精准预言了 NFT 的问世。

Hall Finney 究竟是何许人？他是否就如传言中所说的，当时只是开了一个玩笑？他是否只是和一个普通人一样，突然冒出了一个白日梦的突发奇想，然后将其记录下来了呢？Hall Finney 其实是一位计算机科学家，也是 PGP 公司的开发工程师。Hall Finney 还是一个知名的加密学积极分子，他有在 cypherpunks 平台发稿的习惯。2004 年，他开发了"可重新使用证明的工作台系统"，该发明早于比特币。他和比特币也有不解之缘，他既是非常早期的比特币使用者，据说也是从中本聪手上收到了第一个比特币转账交易的人。他在 cypherpunks 平台上曾经发言道：

"对我来说非常明显了，看起来我们已经在计算机上遇到了诸多问题，如隐私缺失、盗版、数据库冗余、越来越中心化。David Chaum 提供了一个完全不同的方向探索前进，主要是更多赋能个体，而非政府和企业。计算机可以给人们更多自由和很好地保护人们，而不是人们最终被控制了。"

Crypto trading cards.

- *To*: CYPHERPUNKS <CYPHERPUNKS@TOAD.COM>
- *Subject*: Crypto trading cards.
- *From*: Hal <74076.1041@CompuServe.COM>
- *Date*: 17 Jan 93 13:48:02 EST

```
Giving a little more thought to the idea of buying and selling digital
cash, I thought of a way to present it. We're buying and selling
"cryptographic trading cards". Fans of cryptography will love these
fascinating examples of the cryptographic arts. Notice the fine way
the bit patterns fit together - a mix of one-way functions and digital
signatures, along with random blinding. What a perfect conversation
piece to be treasured and shown to your friends and family.

Plus, your friends will undoubtedly love these cryptographic trading
cards just as much. They'll be eager to trade for them. Collect a
whole set! They come in all kinds of varieties, from the common
1's, to the rarer 50's, all the way up to the seldom-seen 1000's.
Hours of fun can be had for all.

Your friendly cryptographic trading card dealer wants to join the fun,
too. He'll be as interested in buying your trading cards back as in
selling them.

Try this fascinating and timely new hobby today!

Hal
```

图1-5 Hall Finney 在邮件中提到"加密交易卡"的概念

他提到的 David Chaum 是美国另外一位计算机科学家和加密算法工程师，David Chaum 以加密学先锋而知名，同时人们普遍认为他是"数字现金"（Digital Cash）的发明人。从 Hall Finney 的言论中，我们可以看出他对加密学领域非常了解和热衷，同时他也以实际行动向人们展示了加密算法可以给人类社会带来的变化。NFT 概念的形成和应用也得益于他早年间与人在加密学领域的积极分享和交流，他对 NFT 领域的贡献有目共睹，同时他在当时发表的超前言论到如今依然对 NFT 从业者有着数不尽的技术开发启迪和知识养分供给。

3. 2002—2003 年：彩色币

关于 NFT 应用的概念，人们普遍认同的说法是它来自 2012 年 12 月诞生的彩色币，它的想法来在比特币链上发行如同在现实世界一般的资产，如房地产凭证、股票、数字藏品、优惠券、债券等，然而比特币的脚本语言不足以支撑相关应用及其持续发展。虽然彩色币没有在比特币链上大范围应用起来，同时也没能成为比特币领域经得起考验的生态项目，但它的出现依然为 NFT 的兴起奠定了坚实的基础，同时在当时打开了区块链上与 NFT 相关的更多可能性的大门。

4. 2014 年：第一枚 NFT

市场上公认的第一枚 NFT 问世于 2014 年 5 月 3 日，它的名称为"量子"，Kevin McCoy 是它的创造者。该枚 NFT 看起来并没有特别之处，它是一个带有弧形边缘的八边形结构（见图 1-6），同时里面进行着闪烁不同的颜色的动态、循环的变化。仅以它被冠以"第一枚 NFT"来说，它的价值和意义就不言而喻。从"量子"的问世到 NFT 专有名词正式出现之前，中间时隔三年之久，可见 Kevin McCoy 的时代远见。据 2021 年 6 月 12 日的消息，该枚 NFT 以 147 万美元的价格在苏富比被拍卖交易完成。

图 1-6　Kevin McCoy 创造的 NFT "量子"

5. 2014—2017 年：Counterparty 和 Rare Pepes

与第一枚 NFT "量子"同年出现在人们视野中的是一个

叫作 Counterparty 的平台，该平台是一个点对点金融平台，也是在比特币链上建立起来的一个开源协议。2015 年，游戏《Spells of Genesis》开发团队成为第一个通过 Counterparty 在比特币链上发行游戏内资产的团队，该团队据传也是第一批发行 ICO 的团队之一。2016 年 6 月，Counterparty 与知名卡牌游戏《Force of Will》开发团队合作，在平台上发售相关卡牌。2016 年 10 月，在"梗文化"的孕育下，一个名为 Rare Pepes 的表情包系列开始在平台上作为资产发行，这也是在 NFT 领域中将表情包作为资产发行的一个比较早期的应用案例，如图 1-7 所示。这个被叫作 Rare Pepes 的青蛙有着大大的眼睛和厚厚的嘴唇，并且带着悲伤忧郁却充满喜感的表情。它一出现就得到了众多网友的喜爱，甚至还成了互联网表情包的现象级事件。到了 2017 年，随着以太坊的知名度逐渐提升，Rare Pepes 的资产也开始在以太坊上进行交易，Jason Rosenstein 和 Louis Parker 在一个名为 Rare Digital Art Festival 的开幕式上举行了第一个 Rare Pepes 的现场拍卖会。自此，随着人们开始在自己的应用钱包中存放 Rare Pepes 资产，加密艺术的概念出现在人们的脑海和议论中。当时还出现了一个名为 Peperium 的项目，它是一个宣称"去中心化的表情包和卡牌交易游戏"平台，任何人都可以在其上创建和存储表情包。随着越来越多的人开始创建自己的艺术作品，数字艺术（或者叫作加密艺术）才真正开始建立其核心价值。

图1-7　Rare Pepes 表情包（素材来源于 rare-pepe.com 网站）

6. 2017 年："双子星" CryptoPunk 和加密猫

由于 Rare Pepes 的交易不断升温，John Watkinson 和 Matt Hall——Larva Labs 工作室的创始人，在以太坊上创造了独一无二的像素卡通头像，并且发行了总计 1 万枚，如图 1-8 所示。这个项目就是 CryptoPunk。该项目是在向 20 世纪 90 年代那些影响了比特币发展的先驱致敬。在项目初期，John Watkinson 和 Matt Hall 选择让拥有以太坊钱包的任何人都可以免费索取认领 CryptoPunk。当时 CryptoPunk 概念的兴起和其被大众快速认知的影响力使它在二级市场出现了异常繁荣的景象。关于 CryptoPunk，有一个有趣的小故事。对于 NFT 项目来说，常见的应用是以太坊上的 ERC20 标准和 ERC721 标准。由于当时更适合 NFT 的 ERC721 标准的技术还没被开发出来，CryptoPunk 最开始使用的是 ERC20 标准；也由于当时发行各方面条件的限制，CryptoPunk 也没有完全使用 ERC20 标准，因此 CryptoPunk 就使用了融合 ERC20 标准和 ERC721 标准的通证发行技术。

图1-8　像素卡通头像（素材来源于网络）

在这里简单介绍一下 ERC 标准。在以太坊区块链上有不同的技术标准，它们使在以其为基础的网络上的不同代币能满足相关交互和工作的需要，ERC 标准就是其中的一种。在 ERC 标准中，最为常见的一种为 ERC20 标准，这种标准的规则使代币可以与其他代币在有限条件下进行交互。这种标准框架对于开发人员来说特别有帮助，特别是当他们创建了一些需要在以太坊上和其他通证和应用产生互动的功能时。虽然 ERC20 标准满足了以太坊上的许多功能需求，但它还不是创建"独特通证"的最佳选择，因此 ERC721 标准便应运而生。虽然它和 ERC20 标准在许多方面都很相似，但它是在以太坊上专门用来创建非同质化代币即 NFT 的标准。两者的主要区别在于，ERC721 标准会溯源拥有者身份和在一个区块中单一通证的活动记录，该功能恰好是使区块链可以识别非同质化代币的核心功能。第一个使用这个新的 NFT 技术标准的项目就是知名的加密猫。

2017 年的加密猫将 NFT 带到了主流的加密货币市场和公众关注中。加密猫是一款区块链游戏，同时植入了领养、养成和交易功能。与 CryptoPunk 不同的是，加密猫是一款人人可以"培育"的、带有独特属性的区块链游戏 +NFT 应用。每一个加密猫都有一个独一无二的数位身份标识，同时带有独特属性，这些属性体现为不同的体型、嘴巴形状、毛发、眼睛形状、基础颜色、特征颜色等，同时这些属性还会在培育下一代加密猫时传承下去。当时加密猫的火爆程度一度使以太坊交易产生拥堵，甚至严重影响其他应用的运行。后来以太坊不得不提高交易手续费（也称为燃料费，gas fee）。加密猫火热上市以来，融资额高达 1 250 万美元，创始加密猫第 18 号被卖到了 253 ETH（单位以太坊，当时折合 11 万美元），不过后来很快被价值为 600 ETH 的 Dragon 超过。加密猫是当时为数不多的被许多主流媒体报道的区块链项目和 NFT 案例，这些媒体包括 CNN 和 Fox News 等，如图 1-9 所示。

图 1-9　加密猫（素材来源于网络）

加密猫甚至还在之后的时间里扩展出了使其 NFT 进入其他 NFT 游戏的场景穿透应用生态，图 1–10 就显示了拥有加密猫的人们有游玩其他 NFT 游戏的倾向，而这种情况一般在其他 NFT 游戏或应用中不会出现。图 1–10 也很好地证明了加密猫确实是进入 NFT 生态世界的绝佳入口。

THE PLAYERS OF THIS GAME....

...ALSO PLAYED THIS GAME		MLB Champions	My Crypto Heroes	MegaCryptoPolis	Etheremon	Cryptokitties	Decentraland	Axie Infinity	Chainbreakers	0xUniverse	Etherbots	Cryptopunks	Chibifighters	NeonDistrict
		648	1 921	671	936	13 151	1 162	1 463	205	4 393	363	176	454	641
MLB Champions	648		48	35	59	173	23	71	18	64	17	10	29	46
My Crypto Heroes	1 921	48		30	152	170	20	145	24	68	21	3	40	65
MegaCryptoPolis	671	35	30		46	144	13	43	15	104	15	4	31	31
Etheremon	936	152	59	33		204	46	88	23	68	19	4	41	38
Cryptokitties	13 151	170	173	144	204		117	380	46	351	120	54	136	229
Decentraland	1 162	20	23	13	46	117		55	51	31	7	9	3	36
Axie Infinity	1 463	145	71	43	88	380	55		32	36	19		73	152
Chainbreakers	205	24	18	15	23	46	51	32		7		11	14	25
0xUniverse	4 393	68	64	104	68	351	31	351			12		80	81
Etherbots	363	21	17	15	19	120	18		36	19		3	11	34
Cryptopunks	176	3	10	4	4	54		13	7				9	9
Chibifighters	454	40	29	31	41	136	7		14	80	11	4		47
NeonDistrict	641	85	46	38		229	36	152	25	81	34	9	47	

图 1–10　加密猫扩展出了使其 NFT 进入其他 NFT 游戏的场景穿透应用生态（素材来源于网络）

7. 2018—2020 年：NFT 群雄并起的年代

CryptoPunk 和加密猫通过了充分的市场验证后，NFT 市场开始进入野蛮生长阶段，如图 1-11 所示。各项目都在各自的领域对 NFT 生态进行积极探索，一度有超过 100 个以上的项目出现在 NFT 市场上。以 OpenSea 和 SuperRare 两大平台为首，各 NFT 项目得到了很好的推动。虽然这两家平台的交易额仍比不上其他加密市场，但它们的发展速度十分惊人。像 MetaMask 这样的应用钱包，由于打着 Web 3.0 的旗号，同时在功能界面上确实带给人们新的体验，所以趁势而上，收获了一大批忠实用户。同时 NFT 资产的游戏化和 NFT 资产在游戏中的嵌入也成为许多团队争相推出的应用。Axie 就是在该时期出现的明星 NFT 游戏应用。nonfungible.com 作为一个 NFT 数据平台同样出现在这一时期，到现在为止，该网站上的 NFT 售卖、交易数据依然能给许多 NFT 爱好者指明 NFT 领域的行业风向。

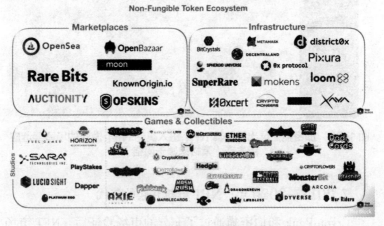

图 1-11 NFT 群雄并起（素材来源于网络）

8. 2021 年：NFT 元年

《每一天：前 5 000 天》一战成名，将 NFT 的话题热度推到顶峰，行业内外都开始流传一种说法：2021 年是 NFT 元年。该说法并不是空穴来风，也就是在 2021 年，NFT 带着元宇宙风潮几乎席卷了全球各个行业，无论从事什么工作的人，无论懂区块链的人还是对区块链不是那么了解的人，NFT 和元宇宙一定是他们日常谈资的一部分，如图 1-12 所示。

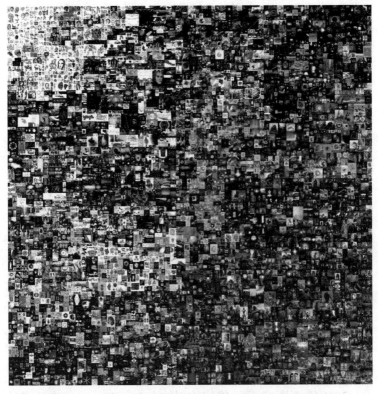

图 1-12 《每一天：前 5 000 天》（素材来源于网络）

2021 年，不乏许多成名的 NFT 项目，"无聊的猿猴"就是其中之一，如图 1-13 所示。截至 2021 年 11 月 14 日，在 OpenSea 交易平台上已有 58 000 余人拥有"无聊的猿猴"NFT，交易额达到 21.27 万 ETH（折合 9.8 亿美元）。美国职业篮球联赛（National Basketball Association，NBA）篮球明星 Stephen Curry 也曾花费 55 ETH 购买了一个穿着粗花西装的"无聊的猿猴"，并将其设为推特（Twitter）头像。"无聊的猿猴"有点像升级版的 CryptoPunk，同样是限量发行风格各异的 1 万枚 NFT，不过它的画面风格更加鲜明且画面质量也得到了提升。

图 1-13　"无聊的猿猴"

除了"无聊的猿猴"，各类 NFT 项目齐飞，进行 NFT 化的内容也千奇百怪，甚至第一条推特也被制作成 NFT 以高价售卖。2021 年 3 月 22 日，推特的创始人 Jack Dorsey 将自己发的

第一条推特制作成 NFT，并最终以 290 万美元的价格售出。不仅 NFT 的技术及相关应用场景在不断扩展，就连保存在 NFT 之上的内容也在不停地扩展人们认知的边界。

2021 年 8 月 27 日，一个名叫 Loot 的 NFT 项目突然大火。然而当人们好奇地去了解它到底是一个怎样的项目时，无不因它的简洁而惊讶与费解。是的，你没有看错，图 1-14 展示的就是 Loot 项目中的一枚 NFT。之前介绍过，NFT 是一个可以往其中存放各种内容的通证。本质上来说，NFT 是通证，而其中存放的内容可以是多种多样的。不过，你肯定没想到，或者说你肯定也有疑问，这样的内容也能定义 NFT 吗？或者说这样的 NFT 具有价值吗？如图 1-14 所示，根据 Loot 项目在 OpenSea 交易平台上的数据，截至目前，最贵的一枚 Loot NFT 为 Bag #2025，价格为 41 111 ETH（折合 1.75 亿余美元）。这样的价格不仅刷新了人们的认知，更为 Loot NFT 披上了一件神秘的外衣。

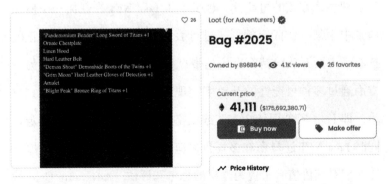

图 1-14　Loot 项目中的一枚 NFT（素材来源于 OpenSea）

Loot 是一款在以太坊上推出的 NFT 项目，据官网介绍，这是一个"在链上随机生成并保存的冒险家装备，并且其数据、图像和其他功能为有意隐藏以给其他人提供解读空间"的项目，"请用你想用的任意一种方式使用 Loot"。官网的这个简短介绍已然打开人们对 Loot NFT 的想象。每一个 Loot NFT 其实就是一个装备包，该项目总共有 8 000 个 Loot NFT，并且每个 Loot NFT 都有一个编号，以让持有者识别。每个 Loot NFT 包含 8 个装备，用 8 个字表示，装备类型大体上分为武器、胸甲、头甲、腰甲、脚甲、手甲、项链和戒指。Loot 的创建者名为 Dom Hofmann，是一名连续创业者，曾创建视频共享平台 Vine。很显然，Loot NFT 并不是像肉眼所见一样，只将文字或代码存放在 NFT 上发行，其背后的价值来源于由 Loot NFT 所衍生出来的各类生态应用。Loot NFT 仅用简洁的语言将装备表述设定出来，使其他包含视觉表达在内的衍生属性给人足够的想象空间和具有多种表达方式的可能性，也赋予了 Loot NFT 在任何一个应用场景中用某一种固定的形式进行表达的能力。Loot NFT 真正的核心一方面开放给持有者表达带有自己理解的 NFT 样式；另一方面通过多种可能性的开放度实现其相关应用的社区分布式自治，即 Loot NFT 用什么方式或风格表达可通过社区投票决定。同时 Loot NFT 还具备在多场景多应用间跨越兼容的属性，以此使人们对其价值有了更为深层的思考和评估。Adventure Gold 就是 Loot 生态中的一个项目，目前 Loot NFT 已开放装备 Loot 和人物 Loot，未来还将开放任务 Loot，相信在其上的项目会越来越多。Loot 项目在 NFT 领域向前摸索、发展的当下无疑还带来了一层哲思，即 NFT 与其应用场景的关系。在与 NFT 关联的应用场景中给人最大开放度认知的无疑是元宇宙。由此，有关 NFT 与元宇宙的思考带领人们进入了一个广阔无垠的畅想、创新境地。

从 NFT 的源起到 NFT 的发展和某一作品的一战成名，在 NFT 的海洋中可谓群星璀璨，每一枚 NFT 或每一个 NFT 关联项目都打开了我们的眼界，为我们开启了一个新的世界。或许我们已有对 NFT 的想象和无边的创思，这并不过分，因为当某一个 NFT 项目"异军突起"时，我们才发现已有的想法只是刚刚触及 NFT 新世界领域的大门。到 2021 年，各类 NFT 项目蓬勃发展，已逐渐形成了成体系化的应用案例矩阵。NFT 也逐渐从最初的一个设想或一个创新技术的发起，逐渐形成规模、形成产业，甚至已经在构建自己的生态商业体系。到目前为止，NFT 大体可分为收藏品（CryptoPunk、Beeple 的数字作品和"无聊的猿猴"项目均属此类）、NFT 游戏（卡牌类和养成类等）和虚拟世界（元宇宙）等。虽然有以上大致的分类，然而在每一个具体的 NFT 项目中，我们仍能看到许多融合创新和项目之间的明显差异。总的来说，我们可以看到 NFT 的延展与融合是没有边界的。在未来，不管是单一项目，还是多元组合的嫁接项目，相信 NFT 还会带给我们更多惊喜。

第 2 章

NFT 将带来经济革命

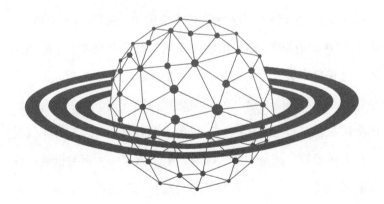

2.1 NFT 是产权经济学的一次升级

赫尔南多·德·索托先生是秘鲁人，生于 1941 年，在日内瓦上的大学。他是一个凭借着自己的经济学知识，通过解决产权问题，彻底改造了一个国家的英雄。他让一个落后的国家实现了跨越式的发展。

赫尔南多·德·索托先生有许多头衔——关贸总协定经济专家（WTO 的前身），铜输出国组织的执行委员会主席，他甚至还当过秘鲁中央银行的行长。但他最在意的一个头衔，是一个叫作"自由与民主学会"的民间组织的领导人。对，他改造的这个国家正是自己的祖国——秘鲁。秘鲁在 20 世纪 80 年代是一个充满矛盾与战乱的落后国家。整个国家一方面被低效的政府勉强地管理着，另一方面又忍受着"光辉道路"这样的反政府组织的无产权集体主义思潮侵扰。在高峰期，整个国家一半的国土已经被"光辉道路"占领，整个国家岌岌可危。这时通过调查，他发现秘鲁穷困的根本原因是不必要的法律条文太多，整个国家颁布的针对经济的法律条文一年竟多达 28 000 条。法律手续太烦琐，导致产权极度不清晰。当时开一个裁缝店的手续居然需要 13 年才能办完。由于许可太难办，整个秘鲁超过一半的经济都沦为地下经济。获得政府认可的产权很难、不清晰、无法保护，导致人们对于财产的安全感很差，进而导致人们不去做长期的财产增值安排，也无法通过出售财产来获得自己更需要的资源。

产权的清晰定义可以起到三个促进经济发展的作用：第一，有恒产者有恒心，促进人们进行长期的价值创造；第二，定分止争，避免因为归属纠纷而耗费时间、资源和精力；第三，允许更加复杂的高效市场出现，提高资源的配置效率。

那么怎么才能把理论上好的政策推行下去呢？

为了改造秘鲁，贯彻产权经济学的思想，他从思想和政策两个角度下手。为了启蒙秘鲁人的思想，1987 年，赫尔南多·德·索托教授写了一本书：《另一条道路》（*The Other Path*）。该书一出版就影响力巨大，让人们意识到产权的重要性。在政策方面，他刚好遇到了一个好搭档——秘鲁总统藤森。藤森借用赫尔南多·德·索托的政策口号上台，然后事实上就把赫尔南德·德·索托的"自由与民主学会"变成了他们的国家"发改委"。就这样，一个经济学家，在风云际会之下，通过经济学理论，完成了对自己国家经济的拯救。

赫尔南多·德·索托做对了什么？ 他在本质上就是通过产

权的明晰，激活了秘鲁原有的地下经济活力，激活了原有闲置的和没有被充分利用的经济资源。

通过上述案例，我们能够清楚地认识到产权的清晰、易得对于整个经济发展的作用是多么巨大。而如何让产权能够地被定义清楚，这并不只是法律条文和政府意愿的问题，技术手段也在其中扮演着重要的角色。想象一下，如果在没有纸来作为证书的原始社会，没有有效的证据来形成共识，产权是无法被熟人社会之外的世界所认可的。即使有了纸作为证书，如果没有好的防伪技术，也会让证书的通行受阻。即使有了纸和好的防伪技术，如果成本太高，办一个证书要1万元，花一年的时间，那么人们可能只有在拥有多于10万元财产的条件才有动力去办理产权手续，而少于10万元的财产就会因为得不到明确的产权而无法在市场上进行交易与配置。

那么，有没有什么办法能让产权确权既权威又便宜、方便、节省时间、易核验，还特别便于流通交易呢？有，那就是基于区块链的NFT技术，它让人类有史以来的产权确权技能达到了巅峰。

（1）NFT确权可以很权威。有的人不了解，可能认为NFT在区块链上的铸造是没有价值的，因为没有政府机关的发行背书。这种认识是片面的。这要依据产权类型的实际情况来分析。想象一下，你亲手写了一篇好文章，你会因为没有去版权局备案而失去版权使文章变成别人的吗？不会的，只要你能证明文章是你亲手写的就行，法院会支持你拥有版权，因为这是你的劳动成果。这是全人类通行的自然法。NFT 正是提供了这样一种基于区块链的技术方法，它能提供一个数学上十分可靠的方法证明你的所有权。这种权威是基于对数学的信任，以及自然法的不言自明。

（2）NFT 确权很便宜。与去传统的中心化确权背书机构不同，你在链上只需要花费很少的 GAS 费，甚至不花钱就可以完成确权。

（3）NFT 确权很方便且节省时间。无须准备材料邮寄，整个过程只需花几分钟即可自助完成。过去由于产品使用体验的问题，NFT 确权对许多不熟悉技术的人有一定的使用门槛，但随着 NFT 产业相关的产品日趋进化打磨，NFT 确权变得越来越方便，对使用者越来越友好。

（4）NFT 确权的防伪性能很好。NFT 确权防伪由密码学保证，完全杜绝了伪造的可能性。NFT 确权存证信息在链上一查便知，完全超越了过去的任何物理防伪技术。

（5）NFT 确权让交易流通变得极为便利。这是由于三点原因。第一，认可范围变大使交易范围变大。由于 NFT 确权的区块链公共属性，随着区块链节点认可范围的扩大，对链上确权信息的认可范围理论上可以达到全球认可的程度（实际上仍然有一些障碍，但随着产品与技术的成熟将越来越趋近全球认可）。第二，防伪与去中介化使摩擦减少。前面提到的防伪的完全可验证，减少了交易的验证摩擦。这让交易参与方都能更放心。第三，可编程性让复杂交易的履约成本降低，效率提高。NFT从一开始就是纯粹数字化的，区块链所赋能的智能合约让NFT可以自动执行复杂的交易类型，如租赁、组合、抵押、条件触发判断等。

经济学的本质是什么？经济学是一门研究如何将有限的资源以让全社会的幸福最大化作为标准来配置的学问。什么是全社会的幸福最大化？它是每个人的幸福最大化的加总。那什么又是每个人的幸福最大化？这是藏在每个人心里的感受，没有任何人能够替你去做最终的决定。这也是别人代理做决定的计划经济被证明失败的原因。因此，必须要允许你自己去做配置的选择，也就是拥有交易的自由。而让你能够拥有最大限度的交易自由的条件，就包括产权清晰和产权交易的便利、高效、范围的扩大。所有这些让资源的配置效率最大化，也因此带来每个人的幸福最大化。

因为NFT帮助实现了资源配置效率这一经济学本质目标，所以NFT是产权经济学的一次升级。这一技术手段，通过降低确权成本、扩大流通范围、降低交易成本、提高交易速度、便利复杂交易的特点，提高了资源的流通配置效率。当然，现在NFT仍然不完善，许多配套功能还没有发展出来。例如，在法律法规上，并没有NFT的相关条文进行规范。区块链的身份系统不完善，导致从某种程度来说区块链上的欺诈频发。产业界也没有经过充分教育和应用的洗礼，仍然存在认知上的落差。在目前真实的应用场景中，NFT 可能还不如原有的一些传统解决方案完善。但是这些都无法改变从经济学的角度来论证，NFT 是一种能提高经济运行效率的更好的事物。这就像刚发明出来的早期燃油发动机汽车并不如马车跑得快。但如果明白一个本质是化学能量驱动，一个本质是生物能量驱动，就能看到它们的能力"天花板"是完全不同的。

2.2　NFT 是元宇宙区块链经济的基础

区块链技术因其上链信息不可篡改、信息透明可核查、多方通过共识算法可信共建等特点，成为当前最前沿的信息技术的代表之一。习近平总书记在中央政治局第十八次集体学习时强调区块链技术是中国核心技术自主创新的重要突破口，要推动区块链技术和产业创新发展。

区块链被许多人称为价值互联网，而把传统的互联网称为信息互联网。乐观的业内专家甚至预测以区块链为基础的价值互联网将能够实现比信息互联网更大的体量，也会出现 50 000 亿美元级别的企业。笔者也认为会出现与互联网经济一样的元宇宙区块链经济。

互联网经济已经被人们所熟知，可为什么会有"互联网经济"这个词的出现？笔者认为，当一个事物可以被称为"经济"的时候，意味着两件事情。第一，影响范围广。"互联网因互联网+"与"+互联网"而与各行业结合，从融通信息这个角度来看，几乎任何行业都可以与互联网这个信息高速公路结合，产生或多或少的新价值，也因此产生了对于经济发展各方面的影响与推动。第二，构成自己的新业态，形成独立业务闭环。不管电商、社交还是搜索，以 BAT 为代表的三大互联网应用均构成了自己原生的生态，形成了业务闭环，产生了"无须+"或"被+"的原生的互联网产业。

如果拿上述互联网经济作为对比，笔者认为区块链赋能的 NFT 技术与信息互联网一样能够配得上"区块链经济"这个词。首先，区块链技术的内涵特点允许其与信息互联网一样产生广泛的应用。区块链在货币、金融、通证表达、信息存证、数据可信共享等方面的应用，能与各行业结合，尤其像 Libra（Diem）或 DCEP 这样的潜在世界货币选手，本身就会渗透进经济的各方面。其次，区块链技术的原生新业态也在逐渐形成之中。包括比特币、以太坊、COSMOS 在内的区块链公链平台，蚂蚁链、文昌链、至信链、长安链等国内联盟链平台，以及数字藏品、版权存证、链上授权等以往从未有过的业务形态，都因为区块链的发展而逐渐兴盛起来。因此，区块链是完全有可能形成与信息互联网比肩的价值互联网经济的。

区块链经济不仅从趋势上看有条件形成，它还有种种的好处。

首先，区块链经济中万事万物的价值流动性更高。根据产权经济学理论，当资源产权被定义得越清晰、流动性越好的时候，资源就越能被配置到发挥社会效能最大的地方。全社会的经济运行效率和资产配置效率也因此越高，整个经济更趋繁荣。尤其是传统的由于认证成本太高、标准化成本太高、流通范围小而流动性不高的资产类型，如小规模企业、音乐、IP资产、积分、艺术品等，将会在区块链经济中实现更好的价值流动性。

其次，区块链经济中的数据安全问题可以得到相对更为妥善的解决。随着互联网的发展日益成熟，目前信息社会的一大顽疾是数据安全问题。一方面，数据很重要，现有的技术采集了社会上衣食住行、生老病死、百行千业的数据，几乎无所不包，帮助各种决策，极大地方便了人们的生活；另一方面，数据泄露与滥用很严重，各种数据泄露与滥用的新闻层出不穷，即使Facebook这样的巨型公司也未能避免。这在很大程度上是数据的生产者和所有者的分离、数据的隐私保护与授权管理之间的矛盾所造成的。而区块链提供了让人们拥有并管理自我数据的方案，并使隐私计算成为可能，它在完全不披露实际数据的情况下允许数据的有效使用。

最后，区块链经济还允许更加灵活的经济政策。人类的经济政治制度一直是跟技术水平伴随演进的。过去，政府的货币与财政政策是相对宏观的。各种货币和财政政策工具一般是相对宏观的，不管利率还是税率。当想要制定更加精细的政策时，其计划可能因为成本太高而缺乏可执行性。然而元宇宙中的区块链经济是可编程的，当所有的货币、资产和信息都在链上时，一个更加灵活、可微调的经济体系将为更灵活的政府经济政策提供可能性。

既然区块链经济有这么多好处，那么你也许会问下面这个更有意义的问题：如何构建这样的区块链经济呢？

笔者认为一个元宇宙区块链经济与所有经济体一样，需要性能良好的三个组件。

第一个组件是链上货币。货币是经济的血液，是价值交换的媒介与衡量的标准。没有货币，交换将难以发生，经济体将无法运转。目前链上货币的竞赛选手很多，以比特币、以太坊为代表的许多公链货币的优点是完全依赖社区共识，不需要外来价值背书，其缺点是价值极不稳定。也有价值稳定的链上货币，就是以 USDT 为代表的一系列稳定币，它们虽然因为锚定法币而价值稳定，却存在承兑中心化和不透明的风险。虽然还未正式发行，但最有潜力成为这场伟大世界货币竞争王者的是中国人民银行筹备的 DCEP 和以 Facebook 为首的一系列企业与组织机构推出的 Libra。DCEP 由于是我国中央银行发行的而拥有天然的法偿性与合规性，与普通人民币可以等价使用，其权威性是世界最强的。Libra 则由于 Facebook 拥有 27 亿的用户规模和其跨国跨行业联合的组织形式，以及开放透明的公链架构受到瞩目，其国际流通性应是世界最强的。链上货币的竞赛仍未结束，但上述三种基本模式已经确定，也必然会有一个链上世界货币的王者出现。目前 Libra 的尝试已经宣告失败，而我国的 DCEP 与国外的 USDT 在这场竞争中处于领先位置。

第二个组件是以 NFT 为表现形式的链上资产。资产就是交易的标的物。不同的资产在不同人的手中能发挥的价值大小不同，资产的交换就是资产尝试流转到价值最大的那个人手中的过程。资产的交换就是经济的运转。资产有很多种，除了货币之外的一切有经济价值的东西，都可以称为资产。资产上链说明发行 NFT 的大潮已经开始，这条路如何前进曾经有一些争议。其中一个最重要的分叉路口就是实物资产和虚拟资产。实物资产是指有物理形态的资产，如汽车、房子。虚拟资产是指没有物理形态的资产，又称为 IP 资产。在笔者看来，实物资产由于需要较重的上链权威才能解决信任问题，造假可能性更大，实践难度更高。IP 资产由于可由哈希时间戳证明所有权，无须依赖权威中心上链，上链速度更快，资产可靠性更高。笔者预测，IP 资产将如互联网电商时代最先成熟的书籍电商一样，成为上链速度最快的领域。尤其是音乐，因其载体的纯粹信息性、艺术价值的共识性、创作的分布性、传播的跨国性，与区块链技术有着天然的结合点。音乐同时也是生产门槛最低、传播能力最强、社会大众接受范围最广的文化艺术形式，有望成为区块链技术最快落地应用的产业领域之一。目前，多姿多彩的 NFT 创新已经在海内外如火如荼地开展起来，最领先的是图片，音乐、文学、视频和虚拟文物等也都在迅速跟进。

第三个组件是链上信息。信息是交易的黏合剂和指挥棒。没有合适的信息，交易同样难以发生。当然，并不是所有的信息都需要上链，人肉获取线下信息然后手工操作也可以进行交易。但越多的可信信息到了链上，纠纷就越少，交易就越容易发生，效率也就越高。专门为信息上链而设计的机制被称为预言机（Oracle Machine）。预言机大致可分为中心化预言机、去中心化预言机和联盟预言机三类。过去区块链行业内的大部分预言机项目都采用去中心化的机制，不过由于市场发展不成熟与性能低下等原因，还没有在市场上成功的应用案例。联盟预言机与中心化预言机性能更高，信任机制也更加灵活。笔者个人预测，这两类预言机将会成为未来区块链经济中的主要信息上链形式。

罗马不是一天建成的，元宇宙区块链经济也不会一蹴而就。这个过程或许漫长，但值得期待，并且目前正在加速前进。它不仅会带来更高效的经济，还会带来更普世的天下大同人文价值观。马克思说，经济基础决定上层建筑。元宇宙区块链经济的到来，也将通过世界货币、可编程智能合约、资产链上全球流通等特点，进一步促进全球化与人类命运共同体的深入融合。元宇宙区块链经济将给全人类带来更加繁荣与文明的未来。

2.3 NFT 产权革命落地：以音乐行业为例

笔者分析认为音乐行业将会是 NFT 较快落地的应用领域。

前面已经分析过，IP 版权领域将是相对 NFT 落地合适的领域。进一步细分来看，音乐行业相较于传统收藏品行业、文学行业和影视行业有一些优势。第一，市场规模更大。音乐行业的全球规模约为 2 000 亿美元，传统收藏品行业的全球市场规模大约为 400 亿美元每年，文学行业应收规模大约是音乐行业的 1/10，影视行业也在数百亿到 1 000 亿美元的规模。第二，用户范围更广。这是由于音乐的欣赏和参与门槛更低，大众接受度高。听觉艺术相对于视觉艺术，对人的情绪触动更强烈。虽然人们的欣赏水平有高有低，但总体来说听觉艺术的欣赏门槛更低，参与门槛也更低。人群中大约有 70% 的人都是音乐爱好者，卡拉 OK 这种娱乐形式更为全民接受。相较于写文章和绘画，唱歌实在是一件太容易的事情。

那么，NFT 究竟能为音乐做什么？这要从音乐行业当前存在的结构性问题谈起。

回顾历史，在过去的 100 年中，全球音乐行业随着技术进步而迅速变革。从爱迪生发明了留声机与唱片开始，音乐从只能现场演出和欣赏的艺术形式，变成了演出和欣赏可以分离的艺术形式，诞生了第一批人类历史上家喻户晓的明星。而后的无线电广播，让音乐可以跨空间实时传输，让人们可以大范围地同时欣赏音乐。随后的磁带、随身听、CD都让音乐欣赏的便利性进一步提高，促进了音乐欣赏在大众生活中的进一步渗透，让在更多的场合欣赏音乐成为可能。所有这些以物理实体为基础的音乐存储形式，也成了音乐销售的好办法：所见即所得，并且使人拥有一种掌握在手的实在感。大约从2000年开始，这一切随着又一次技术革命而改变，那就是互联网、iPod、智能手机带来的流媒体播放模式。QQ音乐、网易云音乐、Spotify等音乐平台拥有数以亿计的用户，用户可以实时点播平台中海量的无限音乐。音乐的消费与收听潜力被进一步释放，用户不仅可以随时随地欣赏音乐，还可以拥有海量的曲库，同时费用却更为低廉。似乎音乐行业已经发展到了终极的天堂，已经看不到还有什么改进的空间了。

可事实真的是这样吗？与音乐播放、收听手段终极进化相伴随的是，全世界音乐人哀叹失去的10年。在那10年里，由于互联网上盗版音乐的猖獗流行、音乐人在大播放平台和经纪公司的弱势谈判地位，音乐人的收入是下降的，而不是上升的。尤其在华语乐坛，郑钧、老狼等知名音乐人以及众多资深乐迷多次表态，现在的华语乐坛充斥着粗制滥造的低质量音乐。音乐播放手段的终极进化使欣赏人群进一步扩大之后，反而出现了劣币驱逐良币的现象。

出现这种现象的原因是多方面的。首先，音乐产量大增。技术手段的发展不仅让欣赏音乐的门槛降低，也让音乐生产的门槛大大降低。过去需要由专业公司制作的音乐，现在很多独立音乐人，凭借大幅降价的软／硬件，在家里就可以独立完成。一方面音乐的生产制作成本下降，由于互联网信息沟通成本降低，更容易找到人合作完成音乐的制作，另一方面经济文化的发展让更多人有了音乐创作的动力。这些都导致音乐的产量大增。其次，抖音等平台带来了用户欣赏下沉。过去人们欣赏音乐，大多是专门付钱购买，用户对音乐的欣赏较为正式。而随着抖音等短视频平台的兴起，在全民音乐收听总时长中，更多的时间被短视频 BGM 所占据，而这些 BGM 一般只追求很短时间内的注意力，并不注重艺术表达，用户也没有耐心仔细欣赏。短视频由于其全民性质，主要代表非精英人群的品位。最后，精英音乐筛选渠道在没落。随着音乐广播，音像店和专业乐评人的流量权力下降，音乐推荐与筛选的权力更多流向了类似民粹主义的平台推荐算法，而平台推荐算法是没有能力去发掘全新的音乐人与音乐流派的。

更大的音乐产量，增加了音乐筛选难度和音乐人之间的竞争压力。更下沉的音乐欣赏方式，导致为迎合市场更多音乐的艺术性导向变弱。而精英音乐筛选渠道的没落，更降低了市场上的高质量音乐筛选能力。最终的结果就是，我们看到排行榜上多是抖音神曲，听的时候一时爽，却少有真正的深刻共鸣与艺术价值，乃至于周杰伦这个踩着上个 CD、磁带时代的尾巴出来的音乐人能统治华语乐坛 20 年。

如何才能改变音乐行业的这种口水歌横行、好音乐少的局面？如何才能改变音乐人在行业中被过度中介、收入太低的局面？NFT 的赋能也许提供了一条可以探索的路。

首先，NFT 提供了一种全新的音乐销售介质。音乐行业从繁荣到衰落周期中的一个重要因素，是音乐消费从购买可拥有、可掌握的物理介质，变成了无法真正拥有的数字专辑，或者仅通过会员租用的形式来临时收听。这些都降低了用户的付费意愿，也降低了用户与音乐人的心理连接。时代自然不可能退到必须通过物理介质来进行音乐销售的时候，而 NFT 在当前互联网数字经济的条件下，为音乐销售提供了稀缺性和获得感，提高了用户的付费意愿。

其次，NFT 赋能了新型的音乐人社群关系。音乐人与粉丝之间的关系在新的技术条件下可以变得更加紧密。NFT 不仅能带来艺术家与爱好者的消费与被消费的关系，更可以发展出共创、共享、共治的新型关系。粉丝可以通过持有限量稀缺的 NFT 成为音乐人的合伙人。粉丝可以共同宣传推荐音乐人给更大范围的社群。

最后，NFT 为音乐人提供了更灵活的融资手段。NFT 的可编程特性让以 NFT 为基础的智能合约可以灵活地进行抵押融资、授权租赁等业务。目前国外已经有为还款使用 Spotify 平台的音乐版权现金流，用 NFT 进行抵押融资的案例。这让音乐人可以在不失去自己音乐版权的条件下，获得更高的资金配置灵活度。

当然，回到经济学的角度，为什么上面这几点有助于整个音乐行业回归价值音乐？这是因为，人们会更加愿意筛选、购买、收听有价值的音乐。因为愿意购买和投资音乐NFT的人会关注音乐的长期价值，也就是艺术价值，这更有可能使音乐随着时间的推移保值、增值。而口水歌往往是没有艺术价值的，也就更难长期保值、增值。因此，整个市场的偏好天平就会向有艺术价值的音乐倾斜。

　　除了上面讲到的价值音乐的回归和NFT对音乐人的直接好处之外，NFT对于整个音乐行业来说，好处也是很多的：①NFT将使音乐人的版权存证维权成本降低，因为其技术成本低；②NFT让音乐行业联合生产的成本降低，因为NFT的版权分割非常清晰，纠纷更少；③NFT提高了整个音乐行业的销售收入，因为对于粉丝来说NFT多了一层收藏价值。

　　目前全球范围内已经掀起了一场音乐NFT的热潮，以美国、中国、欧洲为主要策源地，全球有数十家初创企业正在以各自不同的产品切入点、产业理解来加入这场音乐行业与NFT结合创新的浪潮。

第 3 章

NFT 应用的广阔
天地

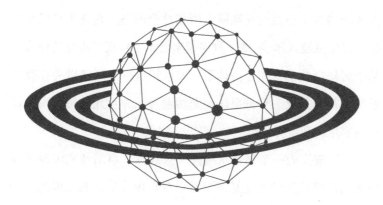

3.1 NFT 在元宇宙中的具体作用

元宇宙最初诞生于 1992 年的科幻小说《雪崩》中。该小说描绘了一个庞大的虚拟现实世界，人们控制自己在其中的数字化身，并相互竞争以提高自己的地位，到现在看来，它描述的还是超前的未来世界。事实上，元宇宙是整合多种新技术而产生的新型虚实相融的互联网应用和社会形态，它基于扩展现实技术提供沉浸式体验，基于数字孪生技术生成现实世界的镜像，基于区块链技术搭建经济体系，将虚拟世界与现实世界在经济系统、社交系统、身份系统上密切融合，并且允许每个用户进行内容生产和世界编辑。

元宇宙作为一个具备永续性、开放性、自治性和沉浸感等特征的高度发达的通证经济形态，符合现代经济的发展趋势。它的定义可以从四个方面来描述：从时空性来看，它是一个空间虚拟而时间真实的数字世界；从真实性来看，它既有现实世界的数字化复制物，也有虚拟的创造物；从独立性来看，它是一个既真实又独立的平行空间；从连接性来看，它是一个虚拟现实系统。

元宇宙的主要发展路径有"大互联网路线"和"基于区块链构建路线"两种。长期来看，"基于区块链构建路线"的元宇宙才能真正实现平行数字世界的目标，但互联网巨头是元宇宙生态的重要建设者，区块链提供的不可篡改性和互操作性至关重要。元宇宙作为广义通证经济的高级业态，可促进虚实结合，推动相关硬件产业的发展，助力数字劳动范式的建立，深化虚拟经济发展，并持续迭代和自我完善。

随着行业发展和腾讯、英伟达、字节跳动、网易等顶级传统企业的入局，元宇宙概念的热度越来越高。

Facebook（现在已更名为 Meta）在 7 年前便开始布局元宇宙，投入 20 亿美元收购了 VR 公司的 Oculus VR，同时，在 Facebook 财报电话会议中，扎克伯格提到"元宇宙确实是一个重投资的项目，起步单位为 10 亿美元"。腾讯参与了元宇宙平台 Roblox 的 G 轮融资。除此之外，腾讯作为股东的另一家公司 Epic 在 2022 年 4 月获得 10 亿美元融资用以开发元宇宙相关事宜，源源不断的资本正在入场。而在元宇宙被青睐的身后，是 NFT 在其底层提供的强劲支撑。

3.1.1　NFT 与元宇宙互为依存

NFT 将会成为元宇宙的重要基础设施，其唯一性和不可替代性将为人们把现实世界中的事物映射到元宇宙提供可靠依据，并且在现阶段已经初步显示出其价值，但在将来 NFT 的内核和外延依然有非常大的想象空间。

就目前来说，区块链中的各种要素非常丰富，但对处在超早期发展阶段的元宇宙来说，它是没有办法完全承载区块链的，而区块链也不可能完全服务于元宇宙。而现实世界中的一切均可通过 NFT 连接到区块链世界，这就是 NFT 最硬核的价值所在。这意味着，NFT 让我们可以在区块链的世界里创造一个真正的平行宇宙，而元宇宙可以说就是一个数字化形态承载的平行宇宙。

NFT 所拥有的去中心化属性，赋予了元宇宙最贴近现实的真实感。没有 NFT 的元宇宙，玩家在其中会始终清楚地知道自己在这个元宇宙中获得的一切都是掌握在大机构手中的，因此他们会更倾向于认为这就是一个游戏而已。而如果在一个拥有 NFT 的元宇宙中，玩家可以知道自己在其中获得的一切资产都归属于自己，自己拥有对这些资产的绝对处置权，这样的元宇宙才是媲美现实世界的虚拟世界，才是最符合元宇宙的最初概念的。

3.1.2 NFT 与元宇宙共生共荣

虚拟世界的游戏并不是元宇宙，VR/AR 也不是元宇宙。元宇宙非常重要的核心之一在于其虚拟世界中的所有物品、权益都是有实际价值的资产，以及围绕这些资产衍生出来的虚实交互的、独立的经济体系。

人类社会文明的重要组成部分就是经济体系，任何人都可以进行创造、交易，并且能够通过工作获得回报，这是社会平衡的基础，也是经济文化繁荣的开端，那么有价值的虚拟世界就成了元宇宙必不可少的特征之一。

NFT 为构建有价值的虚拟世界奠定了基础。NFT 通过提供不可篡改、不可分割的非同质化通证，构建了去中心化前提下经济体系的核心要素。NFT 使元宇宙中避免了"上帝"的存在。人们不必担忧在元宇宙中辛苦获得的资产会因为一个中心化的角色而化为泡影。

3.1.3　NFT 赋予元宇宙万物价值

NFT 打破了虚拟与现实的边界，为元宇宙构建了有价值的虚拟世界，为元宇宙带来了另一个重要的馈赠：Play-to-Earn 模式。

NFT 的 Play-to-Earn 模式带来了更多的可能，那么什么是 Play-to-Earn 模式？简单来讲，Play-to-Earn 模式就是边玩边赚。用户通过参与某一款应用，可以获得其中的数字资产，并且可以通过交易或者售卖这些数字资产获得真实的资金。

此外，应用场景从单一化逐渐变得多元化，加密艺术品、游戏、音乐、体育、NFT 门票等都有布局。加之 NFT 具备十足的财富效应，凭借 NBA Top Shot 等制作的球星卡或者艺术作品的千万美元拍卖价，带动了系列应用产品的疯狂，同时也帮助了 NFT 的发展。对于元宇宙的发展，NFT 可以实现虚拟资产和虚拟身份的承载，通过外部市场的发展势能及本身的非同质化特性，为元宇宙的身份、社交、自由、多元、经济和交易各类要素释放真正的活力，延展更大的价值空间。

3.1.4 NFT 赋能元宇宙技术优势

在 NFT 呈现形式和交易流通方面，NFT 创建平台、销售平台、聚合平台、报价平台，甚至存储平台、线上展览平台等更快捷、更智能、更方便。目前来说，NFT 的创建和交易仍然具有较高的技术门槛和认知门槛，但我们相信随着技术的发展，NFT 的这些门槛都将变得和今天的互联网一样易用而简单。而随着 VR/AR 技术的不断更新和发展，越来越有表现力的 NFT 作品将出现，NFT 作品的种类也将更加丰富和多元，将有望成为市场上炙手可热的投资对象。

3.2 创造 NFT 的五大要素

电影《头号玩家》中有段台词："人们来'绿洲'做自己想做的事，不过能变成任何模样才是他们留下的原因。"用户的现实身份在元宇宙中都会存在一个或多个映射，这也就是用户的虚拟身份，在虚拟身份之外，NFT 的创造并非想象般复杂，那么，NFT 究竟是怎样创造产生的呢？

从本质上来说，元宇宙的交易在于以物易物，有了交易便会有商业。商业是探求真实、建立互信的过程，其中的各种经济往来最终将会组成元宇宙的经济系统，为元宇宙中所有的用户提供一个公平的经济体系。其中，将元宇宙中的原创内容NFT化为一个个基于独一无二稀缺性的价值锚定物，便能够彰显创作者的经济价值。而无数涌入的创作者，将会成为一块块积木，不断扩展其所属元宇宙的体量和影响力。

3.2.1 资助证明——NFT 是获得独家内容和机会的关键

如今，创作者使用 NFT 和社交代币直接从其粉丝群变现。这些 NFT 和社交代币让粉丝们有机会获得独家内容和机会，并以直接方式投资他们最喜欢的创作者。未来我们将看到 NFT 和社交代币交互的实验，以及 Patreon、Substack 和 OnlyFans 等加密货币原生平台的崛起。

1. 现有具体案例

（1）以收益奖励早期支持者。Jack Butcher 通过 Infinite Players（无限玩家）创建了一枚 NFT，与所有之前支持过其 NFT 的人分享收入。

（2）奖励早期的支持者以获取独家访问内容。加密艺术家 3LAU 让其用户独家获得未发布的歌曲或与其互动的新机会。为了有资格购买 3LAU 最新销售的一些作品，用户需要拥有之前的 3LAU NFT。同样，Micah Johnson 创造的宇航员角色 Aku

也进行了 NFT 空投，仅支持早期支持者。创造者利用这些机制来奖励早期支持者，并为他们的 NFT 创造实际效用。

2. 未来预测

（1）去中心化的 Patreon。去中心化的、以加密货币为基础的 Patreon 将与目前的 Patreon 有所不同。创作者将使用 NFT 和社交代币，围绕他们的社区去创造一个经济生态。使用新平台的创作者将简便地：①出售 NFT；②根据 NFT 或社交代币的所有权对内容和图片的访问进行把关；③根据粉丝拥有的访问代币类型，实时获取流支付；④根据活跃成员的贡献，将 NFT 销售收入分配至其社区。我们将看到更多 NFT 和社交代币之间互动的有趣实验，例如，只能用该创作者的社交代币购买的 NFT 空投，或者让粉丝之后获得空投社交代币的 NFT。据悉，Roll 等社交代币平台、Collab.Land 和 Mintgate 等基于代币的社区管理平台，以及 Unlock 和 Superfluid 等支付流媒体服务都将在新的去中心化 Patreon 用例中发挥作用。（注：Patreon 是一个众筹网站，早期希望通过一个众筹平台来解决音乐人的创作和收益转化问题，后来发展为面对所有的艺术创作，包括摄影视频、音乐、写作、动画游戏等。）

（2）NFT 的电商平台 Shopify。目前的 NFT 铸币平台遵循亚马逊模式，突出产品，而不是创作者。新的 NFT 平台可能遵循创作者导向的模式，允许创作者制作自己的品牌商店来销售 NFT。最近已经出现了一些允许创作者创建自己商店的平台，如 Mintbase 和 DAORecords。

（3）为大品牌提供企业级 NFT。目前，如阿迪达斯这样的大品牌和艺术家 The Weeknd 正在使用 NiftyGateway 等 NFT 铸币平台来销售他们的 NFT。随着 NFT 成为其企业战略中的重要组成部分，企业将需要拥有自己品牌的 NFT 平台。

3.2.2　共同创造和协作所有权

粉丝不再被动地消费内容，而是可以创造内容。

粉丝和创作者之间的界限将变得模糊。粉丝将为 NFT 角色创造丰富的世界，并基于他们希望单独或通过去中心化自治组织（DAO）看到的内容改变 NFT。粉丝将不再是被动的消费者，部分粉丝将成为创造过程的一部分。

1. 现有具体案例

（1）为 NFT 收藏品构建工具的社区。Meebits 是由 CryptoPunk 团队创建的、可收集的 3D 角色，已有社区成员为其建立工具，类似围绕如何将 Meebits 转换为元宇宙的虚拟化身。一些成员甚至成立了 MeebitsDAO 之类的去中心化自治组织，它创造了工具和管道，使 Meebits 成为元宇宙中的数字化身。同样地，Axie Infinity 创建了名为 Axies 的可收集角色，社区可以创建自己的游戏，并将这些角色包含其中。

（2）收藏者可以对其拥有的 NFT 进行再创作。AsyncArt 是一个 NFT 铸币平台，其创造了可编程的 NFT 和音乐。只要拥有一段 NFT 音乐或 NFT 音乐的一部分，收藏者就可以对它进行二次创作，使其成为自己独一无二的音乐。

2. 未来预测

（1）NFT 再混合（Remixing）。粉丝可以将 NFT 音乐、艺术作品、视频及小说等进行再混合以创建新的 NFT，同时将版权费返还给原创作者。

（2）由粉丝创造的世界。最受欢迎的角色将成为 NFT，可以被放入粉丝创造的环境。粉丝们将能够为他们喜欢的角色创造游戏，启用元宇宙支持，使角色作为他们的化身而变得真实，甚至将角色放入新的创意作品，如电影、小说、音乐、视频等，并将收益回馈给原创作者。据悉，艺术家们已经开始着眼于创造具有构建世界意识的 NFT。PUNKS 漫画公司已经利用 CryptoPunks 创作了漫画，NFT 持有者可以将他们的 NFT 进行抵押或烧毁，以获得代表漫画中使用 CryptoPunks 的部分份额的 PUNKS 代币。

（3）粉丝可以改变 NFT。粉丝将能够单独或共同地决定一些 NFT 的外观和声音。例如，粉丝可能拥有泰勒·斯威夫特的专辑封面并改变其背景。随着 NFT 成为游戏、电影或漫画等世界的一部分，粉丝群体可能可以对故事情节或某些基于 NFT 的角色行为进行投票。

（4）所有权和收入纠纷的解决。随着 NFT 创作变得越来越普遍和复杂，链上纠纷自然会随之出现。合作创建 NFT 的创作者可能会对收入分配和所有权比例产生争议。一些创作者可能在多个平台上创建相同的 NFT，甚至其他人也可能改变 NFT 的元数据。Upshot 是现有的可评估 NFT 的平台。未来还会出现更多协议来验证 NFT 的真实性，调查铸币欺诈以及解决其他链上纠纷。

3.2.3 链上声誉和身份

NFT 可以作为过去的行为和忠诚度的唯一标识。

人们将基于他们采取的行动而获得不可转让的 NFT，如徽章。他们拥有的 NFT 将类似于一个独特的指纹，根据他们过去的活动对其进行识别。这一信誉历史将被用作链上身份以解锁新的机会。

1. 现有具体案例

（1）过去行为的证明。例如，Uniswap 现在向用户提供 NFT 来证明他们的持仓。预测市场 Reality Cards 可以让多空双方最大的持仓者将结果铸造成 NFT，从而使用户能够建立投注历史。POAP 则允许活动创建者发出"出席证明"的徽章。

（2）成员资格证明。Orca 协议给工作组（如治理协议的赠款委员会）发放基于 NFT 的成员资格证明。这些 NFT 可以作为凭证来解锁链上的权限或活动。

2. 未来预测

（1）链上声誉。应用程序将使用 NFT 所有权作为用户的质量信号。拥有特定 NFT 的用户将被视为高信号用户，并且可以在早期访问最新的应用程序。例如，拥有某些 Uniswap NFT 的用户可能会表示他们是流动性提供者，一些 DeFi 协议将为拥有某些 NFT 的用户提供提早访问权限或更高的支出限额。

（2）社区根据贡献奖励 NFT。可以根据社区成员的贡献向其提供 NFT。例如，可以将特定的 NFT 授予在治理中最活跃的社区成员、顶级代码贡献者，或者在评论中最活跃的社区成员等。

（3）由 NFT 所有权决定的治理席位。用户可能只有在有 NFT 证明他们在过去分配过资金，或者已经积极参与治理协议的情况下，才能加入赠款委员会。此外，Discord 服务器中的"角色"也可能基于 NFT 所有权分配。

（4）NFT 决定信用评分。NFT 所有权可被用于确定信用价值。如果用户因在借贷协议中行为良好而获得 NFT，则借贷协议可能会为他们提供更好的借贷利率。如果用户行为不良，那么他们可能会收到标有此类标识的徽章。

3.2.4　NFT 发现和策展平台

就像 20 世纪 90 年代在 Google 之前的网站一样，NFT 是一种无法轻松搜索和发现的新型数据。未来将会出现强大的平台来策划、组织和推荐 NFT。此外，由于 NFT 构成链上声誉和身份的基础，因此我们将基于 NFT 所有权创建社交网络。社交信号将成为我们用于组织 NFT 功能的重要组成部分。

1. 现有具体案例

（1）基于 NFT 所有权的社交网络。例如，NFT 社交平台 Showtime 可以为 NFT 所有者和创作者提供一种类似 Instagram 的体验。

（2）NFT 策展和搜索平台。像 eBay 这样的传统网络平台目前支持 NFT，这将成为搜索和寻找 NFT 的一种方式。而且从 OpenSea 这样的一般市场到 Foundation 这样的策划体验平台，再到 hic et nunc、Mintbase 和 Paras.id 等以太坊之外的市场，存在着无数的加密原生 NFT 市场。除此以外，还有一些很好的资源平台，提供了一个更完整的 NFT 市场列表，如 Sean Bonner 或 Tech Optimist。

2. 未来预测

（1）基于 NFT 的 LinkedIn 领英。当我们通过参加活动，在去中心化自治组织中投票或提供 DeFi 的流动性等过去的行动获得不可转让的 NFT 徽章时，社交媒体平台将根据我们积累的徽章而发展。我们可能会看到基于 NFT 的 LinkedIn，平台可以根据其不可转让的 NFT 来识别和招聘。

（2）基于 NFT 的搜索引擎（如亚马逊、Etsy 等）。我们可能会看到更多针对 NFT 的产品搜索引擎。亚马逊和 Etsy 目前已经有很多出售收藏品的店主，未来这些平台可能会支持 NFT 产品搜索。正如上文所述，现有的 NFT 市场也会发展出复杂的搜索、发现和推荐功能。

3.2.5　NFT 的金融化

NFT 是金融资产，它表示可用于金融交易的资产的所有权。NFT 有许多新的机制。例如，收入"拆分"或 NFT 碎片化，使 NFT 作为金融资产更加有用。在未来，我们将看到 NFT 作为金融资产的指数式增长。

1. 现有具体案例

（1）为慈善机构和公共利益筹款。创作者和艺术家可以通过拍卖 NFT 为慈善事业筹集资金。各组织联合起来创建链上基金以资助公益事业。NFT 创作者可以将他们的 NFT 拍卖收入的一部分抵押给类似的基金，当 NFT 被出售时，收益将自动支付。目前，当 NFT 创作者想为某项事业筹集资金时，资金的去向也可以实现完全透明化。

（2）NFT 可通过碎片化进行互换。例如，NFT 指数基金 NFTX 使用户能够将 NFT 存入一个池，并铸造一个 ERC20 代币。WHALE 则是一个代币，代表最初由一个名叫 Whaleshark 的假名收藏家拥有的 13 000 多个 NFT 的细分池。Rats Vaults 允许用户存入任何 NFT，并收到一个代币作为回报。针对 NFT 铸造可互换的代币是一项解锁的功能，因为这些代币可以用 DeFi 协议赚取收益，它们可以通过自动做市商（AMM）进行交易，也能改善 NFT 项目的价格发现，并使 NFT 更具流动性。此外，这些碎片化代币池的成员可能有特殊的权利，如对购买和出售池中的资产进行投票的能力，租赁池中 NFT 的能力，以及对池中产生收益的 NFT 收取股息的能力等。

（3）NFT 发放"红利"。收藏家可以根据他们拥有的 NFT 获得新的资产。这些"红利"可以以非正式的方式发放。例如，一些收藏家收到艺术家空投的新 NFT，因为他们拥有着知名的 NFT，而艺术家希望通过这些收藏家推广他们的作品。"红利"也可能需要积极参与。例如，当 Meebits 建立采矿流程时，允许 CryptoPunk 持有人赎回新的 Meebits。另外，"红利"可以是直接发放 NFT 赚取的收入。例如，Yieldguild 是一个去中心化自治组织的集合，它购买 NFT 游戏资产（如 Axie Infinity 中的 Axies），然后将它们借给玩家，这样就不需要预先购买资产，并且可以通过玩这些游戏获得收入。目前，更多产生收益的 NFT 正在陆续推出。例如，Aito 宣布推出与 Aave 整合的 NFT。

（4）去中心化自治组织购买 NFT 作为投资。去中心化自治组织 PleasrDAO 最近以 500 ETH 购买了 Tor 的 NFT，该组织最初就是为了购买艺术家 plpleasr 的作品而创建的。此外，FlamingoDAO、Whaleshark 和其他去中心化自治组织也都进行了 NFT 投资。

2. 未来预测

（1）通过 NFT 产生现金流。NFT 可以赚取收入。NFT 可能产生收入的一种方式是土地权利的租金。例如，基于以太坊的虚拟博物馆 Cryptovoxels 之类的地主，可以向使用其土地的人收取租金。如今，Cryptovoxels 的土地所有者可以添加在其土地上进行建设活动但不拥有土地的"合作者"。未来将出现智能合约，土地所有者和租户可以用它来指定租金、租赁期限和其他条款。

（2）NFT产生收入的另一种方式是对音乐版权的所有权。例如，"音乐母版"可以是在每次播放歌曲时都能赚取收入的NFT，歌迷社区可以聚集起来，购买它们最喜欢的音乐家的音乐母版。这种用例的雏形目前已经存在：部分个人已经在出租他们的加密朋克。例如，reNFT之类的平台正在尝试让个人出租NFT，Varda正在试验用于购买NFT的抵押金以产生NFT的收益，而Charged Particles则让用户将一篮子ERC20代币作为NFT，以此获得利息。

（3）碎片化NFT进入DeFi生态系统。一旦将NFT拆分为可交换的代币（如ERC20），就可以将这些代币用于现有的DeFi协议。这些代币可以通过AMM进行交易，放入借贷池等。例如，用户可以通过发行ERC20代币来拆分一组NFT艺术品，然后通过Uniswap交换这些代币。DeFi协议可能演变出一些功能，以优化碎片化NFT，或者出现新的DeFi协议。目前，NFT贷款平台NFTfi已经允许用户以NFT作为抵押品进行贷款。

（4）创建影响力NFT。艺术家可以将其NFT销售的一定比例永久地捐给某些事业，甚至使其在自己过世后依然有效。创作者可以创建"影响力NFT"，专门用于支持环境或社会事业。

（5）在代币发行前进行筹款。尚未推出代币的项目可以发行 NFT 来奖励其早期支持者。一旦它们的代币推出，就可以将这些代币空投给 NFT 持有者以作奖励。

3.2.6 更多前沿领域有待发现

上述想法仅针对 NFT 可能实现的方面。在不久的将来，有两个关键的发展可能使我们从未见过或意想不到的新 NFT 用例激增。

1. NFT 代表的新型资产

NFT 的核心是一种通用机制，它可以表达对任何事物的所有权。到目前为止，我们主要使用它来表示视觉图像、加密原生游戏和音乐。然而，新型资产将创建新的用例。这些资产可能包括来自传统游戏开发商的游戏资产、写作（已通过 Mirror 出现）、电影和视频、体育人物、有形商品、房地产、哈利·波特或迪士尼等经典品牌的人物及资产池（已经通过 Charged Particles 出现）等。

2. 低交易成本

NFT 海外用例目前主要存在于以太坊上，因此它们在高交易成本的约束下运行。当铸造 NFT 或进行交易的成本超过 50 美元时，用例可能会受到限制。于是，我们目前大多数时候将 NFT 视为奢侈艺术品。然而，当各种新型的区块链，尤其是国内的联盟链，使 NFT 在不到 1 美分的价格下铸造和交易成为可能时，在没有高昂交易成本约束的情况下，开发人员和创作者将为 NFT 创建想象不到的新用例。

3.3 NFT 的十个应用案例

3.3.1 案例一：NBA Top Shot

关键词：盲盒、收藏品

简介：NBA Top Shot 是由美国职业篮球联盟官方授权，CryptoKitties 和 Flow 背后的团队 Dapper Labs 所研发的一款收藏类 NFT 项目，该项目部署在 Flow 公链上。

商业模式：NBA Top Shot 是将球星的高光时刻做成 NFT，并根据精彩程度将其设定为普通（Common）、稀有（Rare）和传奇（Legendary）。用户通过购买卡包来抽取不同的 NFT。用户也可以在交易市场上购买他人的 NFT，或者将自己的 NFT 挂上交易市场卖给别人，其价格由稀有程度、当前明星、编号等因素决定。

NBA Top Shot 其实是将传统的实体球星卡业务搬到了链上，利用区块链不可篡改、易于验证等优势，既提高了流动性也降低了交易门槛。比起实体球星卡使用静态图片，NBA Top Shot 除了图文介绍之外，还收录了球星的高光时刻，并以 GIF 或短视频等三维动态的方式呈现出来，因此更具收藏性，再加上有美国职业篮球联盟官方做背书，NBA Top Shot 一经推出便受到了原有球星卡爱好者的追捧，在上线不到一个月的时间内，日交易额就超过了百万美元，总的参与人数也很快达到几十万人。

3.3.2 案例二：CryptoPunks

关键词：收藏品

简介：CryptoPunks 是世界上第一个 NFT 项目，它是 10 000 个由 24×24、8bit 样式的不规则像素组成的艺术头像的集合。每个头像都有独特的外观和特征，该项目部署在以太坊上。

商业模式：CryptoPunks 作为 NFT 的创世之作，迈出了加密艺术的第一步，它的诞生甚至早于现在最成熟的通证标准 ERC721。虽然这些头像全是像素级别的，看起来很粗糙，但是当时的加密货币领域还处在各种 ICO 项目满天飞的背景下，不同于其他加密货币的加密资产也颇具收藏价值，而这款元老级的 NFT 项目的参与者也可以大方地展示自己收藏的其中一枚 NFT，将其作为社交货币来告诉大家，自己是一名行业元老。

CryptoPunks 没有任何别的玩法，也不是知名 IP 或者知名作者所著，仅是纯链上生成的资产。CryptoPunks 官方最开始宣传的时候接受度还不高，官方将其中 9 000 个作品赠予了社区，随后找到拥有众多粉丝的意见领袖写了软文，宣传持有它象征着自己是行业元老，以逐渐地提高 CryptoPunks 的社交货币属性，从而被更多人知道和买卖，最终 CryptoPunks 凭借稀缺性和社交货币属性获得了广泛的传播。目前随着参与买卖的人越来越多，单个 NFT 的价格达到了几万美元，CryptoPunks # 7804 更是拍出了 757 万美元的高价。官方逐步拿出最早留下的 1 000

枚 NFT，借助传统的拍卖行佳士得将其 NFT 拍卖出去，从而获得了丰厚的回报。

3.3.3 案例三：CryptoKitties

关键词：收藏品、游戏

简介：CryptoKitties 是由 Dapper Labs（从 AxiomZen 分拆出来）团队制作的世界上首款区块链游戏，也是第一款基于 NFT 领域运用最广泛的 ERC721 通证标准的区块链游戏，用户可以通过购买、繁殖、出售三种操作，收集数字猫和繁殖新的数字猫，每一只数字猫都是独一无二的，而且 100% 归用户所有，它无法被复制、拿走或销毁。该项目最初部署在以太坊上，目前已经迁移到同样由 DapperLabs 团队研发的公链 Flow 上。

商业模式：作为世界上第一款区块链游戏，CryptoKitties 第一次让世人知道了 NFT 是什么，也让世人了解到原来区块链结合游戏可以这样玩。CryptoKitties 最初有 100 只创世猫 0 代猫，并且每 15 分钟诞生一只 0 代猫，目前 0 代猫的个数已经达到官方设定的上限——5 万只，以后也不再诞生新的 0 代猫了。每只数字猫都有独一无二的外貌特征（图案、突出颜色、眼睛颜色、眼睛形状、基本色、强调色、嘴巴和皮毛），代数（第几代）和繁殖速度等特殊的属性，以及官方还未披露出来的一种特征类别，而这些特征和属性共同组成了一只数字猫的基因，每种外貌特征也会有不同稀缺度之分，而这些就决定了数字猫的稀缺程度和价值。

另外，CryptoKitties 是有繁殖系统的，一只公数字猫和母数字猫结合就可以诞生下一代数字猫，而新的数字猫会继承父母的部分基因，并且有一定概率诞生稀有属性特征。CryptoKitties 通过这种方式吸引了许多想要培育出稀缺属性的玩家不断地购买和繁殖，CryptoKitties 也因此一上线就快速获得了广泛传播，其火爆程度甚至一度让以太坊发生了拥堵，从而让世界记住了这款应用。

3.3.4 案例四：HashMasks

关键词：盲盒、拍卖、收藏品、挖矿、NFT+FT

简介：HashMasks 是由 Suum Cuique Labs 团队创作的一款盲盒＋数字收藏品的项目，由全球 70 多名艺术家创作，总供应量为 16 384 枚 NFT，每一枚 NFT 都是独一无二的个人肖像。

商业模式：HashMasks 采用围绕着 NFT 画作并结合两种玩法的商业模式。

NFT 画作是由全球 70 多名艺术家创作的个人肖像，这些画作由五种不同的元素构成，分别为角色（男人、机器人等）、面具、眼镜颜色、道具和肤色，由此构建出独一无二的 16 384 枚 NFT。

在 HashMasks 初期，要想获得这些 NFT 画作，并不能像买卖艺术品一样，看上哪一幅画就买走它，因为最初这些 NFT 画作只能通过拍卖获得，而买家并不知道其拍卖到的 NFT 画作什么样，也就是 NFT 画作初期处于盲盒状态，直到 14 天后，拍卖结束时才能揭晓答案。拍卖的方式是曲线式拍卖，分批次以逐渐递增的价格进行拍卖，从最早的 3 000 枚 NFT 以 0.1 个 ETH 售出，到最后的 3 个 NFT 以 100 个 ETH 卖出，最终，NFT 画作全部被拍卖出去，总共获得 10 243 个 ETH，这就是 HashMasks 的第一个玩法：盲盒曲线拍卖。

第二个玩法则是围绕着这些 NFT 画作的取名权所设计的一套 FT 的经济模型。对于一幅绘画作品来说，它不能只有图像而没有名字，名字也是与作品直接相关的属性，不论《蒙娜丽莎的微笑》，抑或《最后的晚餐》，这些名画只听名字，就能使人们想起画面。HashMasks 的 16 384 个 NFT 画作最初都是没有名字的，拍卖成功的人可以为其赋予名字，完成一幅作品画龙点睛的一笔。

除了拍卖之后获得 NFT 画作时可以为 NFT 画作取名，HashMasks 还发行了一个叫作 NCT（Name Changing Token）的通证，专门用于为购买到的 NFT 画作改名。其发行方式为用户每购买一枚 NFT 可以立刻获得 3 660 个 NCT，并且每日可以获得 10 个 NCT，持续 10 年。这种机制也使 HashMasks 的作品可以被看作一个矿机，拍卖到它就可以去 NCT 挖矿了。由于 NFT 的数量是固定的，发行的时间也是固定的，这意味着 NCT 的总量也是固定的。想要改变一次 NFT 画作的名字需要支付 1 830

个 NCT，而这部分的 NCT 将会被销毁。项目方的期望是随着 NCT 的逐渐销毁，最终所有 HashMasks 的 NFT 画作都无法改名，而此时这些 NFT 画作才真正作为一幅绘画作品完成了。

让用户也参与完成画作的一部分过程，如此新颖的玩法很快就吸引了众多用户参与，HashMasks 通过这样的机制获得了丰收。但是，以几个月后的情况来看，不论 HashMasks 的 NFT，还是 NCT 在二级市场的交易情况，都并不理想，交易金额急剧萎缩，参与人数也寥寥无几，似乎项目在机制设计或者商业逻辑上并没有形成闭环，如果没有人想要改名，对 NCT 的需求不就会下降了吗？所以，HashMasks 似乎有一种虎头蛇尾的感觉，但如果仅以把 NFT 画作拍卖出去来衡量，HashMasks 已经获得成功了，不管怎么说，这样的创新思路值得我们学习和借鉴。

3.3.5 案例五：Sorare

关键词：盲盒、收藏品、游戏

简介：Sorare 是一款基于以太坊的梦幻足球游戏，该游戏于 2019 年 3 月推出。玩家可以通过购买 NFT 球员卡自行组建球队，并参加虚拟比赛。

商业模式：全球最有影响力的两大球类运动就是篮球和足球，在篮球领域已经有 NBA Top Shot，而在足球领域则有 Sorare。Sorare 也有类似球星的数字卡片，分为不同档次的稀有度，与 NBA Top Shot 不同，Sorare 还有游戏的部分，并且每个卡片代表的球星都有不同的属性和功能，玩家可以将 5 个代表不同位置的球星组成一个球队，并与他人比赛以获得奖品，其中包括许多稀有卡片，这些球员卡自然可以在线上进行交易。

Sorare 与众多球星、足球俱乐部合作，已收录包括意甲联赛半数以上俱乐部，以及利物浦、皇家马德里、拜仁慕尼黑等来自欧洲、美国和亚洲的 140 多个俱乐部。在 2022 年 6 月，Sorare 还与法国足协和德国足协达成了合作，共同推出官方 NFT 球员卡。

官方背书保障了这些 NFT 球员卡具备稀缺性，还通过游戏竞技的方式增加了卡片的交易意愿和购买意愿，并且随着欧冠比赛的热潮，Sorare 的成交额长期处于前五名以内。

3.3.6 案例六：Axie Infinity

关键词：游戏、社交

简介：Axie Infinity 是一个建立在以太坊区块链上的受神奇宝贝启发的数字宠物世界游戏。不同于 CryptoKitties 的简单玩法，Axie Infinity 集收集、训练、饲养、战斗、社交等各种玩法于一体，每个 Axie 都有独特的遗传数据存储在以太坊链上，具备独特的价值。任何人都可以通过参与游戏和对游戏世界做出贡献来获得代币奖励。Dappradar 的数据显示，现在 Axie Infinity 的月交易人数已经超过了 58 000，月交易额已经超过了 1 亿美元，月交易量更是达到了 385 964，成了最热门的 NFT 交易品类之一。

商业模式：Axies Infinity 的自我定义是居住在 Lunacia——一个由玩家拥有、运营和控制的开放世界中的幻想生物。它不仅是一个有趣的游戏平台，也是一个巨大的交互网络，玩家可以使用该应用程序与整个 Axie Infinity 宇宙进行交互。玩家进入游戏之后，需要购买 Axies，不同等级的 Axies 价格不同，繁殖需要药水，药水也是需要购买的，繁殖出来的 Axies 需要经过一段时间的培育才能够具备战斗能力，游戏世界中有不同的道具可以购买以加强玩家的土地防御能力，玩家组队战胜敌人后可以获得相应的奖励。

可以从 Axies Infinity 的价值流入和流出模型看出，价值流入主要是通过让玩家购买 Axies、道具、土地等游戏需求品来增加游戏价值的输入，玩家可以通过持有 AXS 或游戏对战的方式获得 AXS 的代币奖励，同时也可以通过培育下一代（游戏中一共可以培育 7 代，这是一个防止作弊的机制），然后售出下一代的方式来获得奖励。

由于游戏中道具价格都不高，并且场景也比较有趣，玩家逐渐增多，整体商业价值随着参与人数的增加而越来越高。AXS 的价格最高达到了 11 美元，现在的价格也在 4 美元左右波动，因此东南亚专门有一些团队组成工作室来赚取 AXS 的奖励以获得收入。虽然目前有很大的投机成分在其中，但是这种创新的游戏模式和初级的社交属性设计，似乎让我们看到了元宇宙的雏形，我们也可以大胆想象随着游戏的升级和 Ronin 的二层扩容侧链的升级，Axies Infinity 还可以发展出更大的生态场景。

3.3.7 案例七：Bored Ape Yacht Club

关键词：收藏品、社交

简介：Bored Ape Yacht Club 是由 Gordon （加密货币交易员）、Garga （媒体从业者）、Tomato 和 Sass （软件工程师）四人创建的。在见证了 CryptoPunks、CryptoKitties、HashMasks 等经典项目的诞生之后，他们决定设定一个场景——故事发生在 10 年后，每一个投身于加密领域的猿猴们都将实现财富自由，但是那时所有流动性挖矿都已无法进行，于是猿猴们开始变得无聊起来。那么猿猴们每天都在干什么呢？他们四人给出的回答是：在沼泽地的一个秘密俱乐部里与猿猴伙伴们一起玩耍。

他们四人为这些财富自由的猿猴设计的娱乐方式，便是在 Bored Ape Yacht Club Bathroom 的墙壁上涂鸦。每一个猿猴 NFT 的持有者都可以在画布上随心所欲地画画，每隔 15 分钟便可绘制一个像素点。这些猿猴们都叫作"财富自由猿猴"，这是一个非常棒的概念，一举获得了很多人的追捧和青睐。

商业模式：Bored Ape Yacht Club 成功的关键在于抓住

了大家的财富自由心理以及恶趣味发泄的心理，这些猿猴的头像大多数是抑郁风格的，然后可以在俱乐部的大多数地方进行涂鸦。例如，如果你持有一枚猿猴 NFT，就可以在俱乐部的厕所的墙上甚至马桶上绘制任何图样，甚至包括不雅的图样。

每个猿猴的初始价格并不高，只有 0.08 ETH，即便现在最高的炒作价格也不到 50 ETH，相比于 CryptoPunks、HashMasks 动辄上百 ETH 的成交价，这些猿猴的成交价很低，具有很好的流动性，以至于每隔几分钟就会有一只猿猴被交易。

著名的 NFT 收藏家 J1mmy.eth、Pranksy、DANNY，甚至香港的一些电影明星，例如余文乐这些明星，都购买了这些猿猴头像。名人效应的加持使这些猿猴越来越值钱，交易市场也异常火爆。同时这些猿猴 NFT 的持有人还可以对这些猿猴 NFT 进行二次创作产生新的 NFT，新的 NFT 的收益权归属于原有的猿猴 NFT 所有者。这些猿猴 NFT 还可以被授权给其他行业。例如，有人将猿猴头像授权给一些 DIY 的服装团队，然后产生的授权收益也归猿猴 NFT 的持有者所有。

我们可以把 Bored Ape Yacht Club 看作一种特殊的版权，这种版权带有很强的社交属性和 IP 属性，使其获得了特殊的商业价值，形成了一个圈层共识。这对我们开发和观察通过传统具有很强 IP 和小众的圈层经济开拓 NFT 的可能性产生了非常重要的启发作用。

3.3.8 案例八：Decentraland

关键词：虚拟现实、元宇宙、社交、游戏

简介：Decentraland 是一个创建在以太坊上的虚拟世界，在这里你可以探索 3D 创作、玩游戏和社交。它由其用户建造、拥有和营利。它是由数量有限的称为 LAND 的地块组成的，用户可以在这些地块上构建自己的体验。他们有充分的创作自由，可以从他们创造的任何东西中获得收入。Decentraland 是一个开放的、去中心化的市场，用户可以在其中购买、出售和管理这些土地。

首先，Decentraland 与其他虚拟空间的 VR 项目最大的不同在于它是一个去中心化的系统。Decentraland 的空间是所有人共同拥有的，是隐藏于互联网世界中的一个虚拟空间，而不是某家公司通过运行服务器创造的空间，没有中介费用的存在，这是 Decentraland 最大的特性。使用这个空间不需要任何人的同意，只要你连接网络，运行程序，就可以使用。其次，去中心化的结构让 Decentraland 运行更加稳定，不易受到攻击。最后，Decentraland 使用区块链记录用户的所有权，用户可以通过一个身份识别系统，利用加密签名来追踪和验证一个内容是否获得了原创作者的同意。它是第一个基于区块链的虚拟世界平台，你可以拥有自己的虚拟空间，并且可以对自己的虚拟空间进行控制，发布自己的应用从而创造价值，如在虚拟空间平台发布具有自己知识产权的游戏，玩家则直接在虚拟世界平台进行低费用的支付。

商业模式：不同于其他虚拟现实游戏的主动权被游戏开发者牢牢控制，Decentraland 将虚拟现实中的决定权完全交给用户，用户可以自由创作自己的土地，享受土地买卖和贸易带来的所有权和收益权；用户可以使用简单的 Builder 工具创建场景、艺术作品、挑战等，然后参加活动，赢取奖品。对于更有经验的创作者，SDK 提供了让社交游戏和应用程序充满世界的工具。同时 Decentraland 由去中心化自治组织控制，去中心化自治组织拥有 Decentraland 最重要的智能合约和资产。通过去中心化自治组织，用户可以投票决定世界的运作方式。

Decentraland 商业模式中最成功的一点在于将游戏资产的所有权、收益权、治理权交给了用户，最大限度地激励用户参与到这个虚拟世界的建设中，用户的营销成本和参与成本都降到了最低。以用户为中心的商业模式的最大优势就是将消耗成本降到了最低，将平台的收益全部归还给用户和贡献者，并且这种分配机制还是由用户和社区来决定的，这使其共识达到了空前的高度。同时，由于虚拟世界的沉浸式体验，以及技术的发展，Decentraland 有望成为 Web 3.0 世界中《我的世界》的升级版，要知道现在《我的世界》的全球用户量已经达到了 1.3 亿人。可以期待全面技术实现下的 Decentraland 将是一个怎样的杀手级应用。

3.3.9 案例九：交易市场

1. OpenSea

项目简介：OpenSea 是目前全球最大的加密 NFT 市场，成立于 2018 年 1 月，涵盖最广泛的类别、最多的可转让 NFT，以及最优惠的价格。投资机构包括 Coinbase、1confirmation 等。OpenSea 与游戏开发商合作，为用户创建可自定义的线上店铺，以自动购买、销售它们的加密藏品，相当于 NFT 行业的"淘宝"平台。

数据：根据 DappRadar 的数据，OpenSea 上的交易者数量 为 140 120 人次，仅次于 NBA Top Shot、AtomicMarket，排名第三，但是交易总额达到了 648 910 000 美元，高居 NFT 市场的榜首。

主观描述：随着用户数量的增加，以及不同 NFT 类型的加入，再加上 OpenSea 本身工具的易用性的增加，OpenSea 有望成为 NFT 行业的"亚马逊"或者"淘宝"平台。现在其用户数量仅达到 14 万，我们能够相信随着区块链技术的发展、商业模式的创新、元宇宙的推进，未来 NFT 行业的参与用户还将有上百倍以上的增长。这种市场扩容带来的机会，是真正意义上的早起红利，值得我们跟踪和布局。

2. Rarible

项目简介：Rarible 是一个运行在以太坊上的 NFT 交易平台和铸造平台，用户可以通过 Rarible 铸币、购买和出售数字收藏品，而不需要任何编码技能，实现了零门槛铸造属于自己的

NFT。同时，用户可以通过持有 Rarible 的治理代币 RARI ，进行市场流动性挖矿（Marketplace Liquidity Mining）。

Rarible 目前也和在 YFI 上上线的 DeFi 保险项目 yInsure 合作，将其保单以 NFT 代币的形式呈现，保单 NFT 代币的创建就在 Rarible 平台上进行，这使用户可以对保单进行转让交易、抵押等操作。这在 NFT 领域来说是一个重大突破，意味着 NFT 在 DeFi 领域找到了切入点，可以解决传统保单长期以来面临的问题，将 NFT 与 DeFi 进行了有效的融合尝试。

数据：在数据方面，DappRapar 显示，Rarible 的交易数量是 58 178 人次，位居整个 NFT 交易市场的第五位；交易量为 162 700 000 美元，排名第四位。

主观描述：Rarible 于 2020 年年初创建。由于在 Rarible 上创建和交易 NFT 的流程、体验、设计交互等对零基础人员非常友好，在 2020 年期间，其交易量曾一度超越老牌 NFT 平台 OpenSea，成为最大的数字收藏品交易平台。特别是和 YFI 联合创建了 DeFi 保单之后，其一度成为 NFT-DeFi 的融合创新产品，风头一时盖过了 OpenSea。但是随着 DeFi 的冷却，Rarible 的交易量开始有所下降，回归到了正常的市场交易量水平。我们可以判断，在未来随着 DeFi 领域的热度再起，同时随着 DeFi 的创新发展和品类的增多，Rarible 极有可能成为最大的受益者。

关于目前 Rarible 的风险点，RARI 流动性挖矿持续 200 周，预计于 2024 年 5 月结束。这无疑对 RARI 代币的价格产生了一定的抑制作用，所以在整个市场热度没有起来，Rarible 的交易用户数没有大规模增长的预期前提下，要谨慎参与这种流动性挖矿压制币价的二级市场投资行为。

3.3.10 案例十：佳士得

项目简介：佳士得拍卖行（CHRISTIE'S）于 1766 年由詹姆士·佳士得（James Christie）在伦敦创立，是世界上历史最悠久的艺术品拍卖行、世界著名艺术品拍卖行之一，其拍品汇集了来自全球各地的珍罕艺术品、名表、珠宝首饰、汽车和名酒等精品。

商业模式：虽然佳士得是历史悠久的拍卖行，但这并不代表它会像一些传统老店一样风格保守。实际上，佳士得一直以来都是紧跟潮流、把握前沿发展趋势的。

早在 2018 年，佳士得就求助于区块链技术，以确保其艺术品销售和相关来源的数据安全。佳士得最终选择与艺术品独立数字登记机构 Artory 合作，在其区块链平台上进行艺术品交易加密登记的试点。然而这一次佳士得对区块链的运用还仅停留在区块链不可篡改的功能上，并未真正涉及区块链在承载价值和传递价值方面的作用。

不过，见识过区块链之后的佳士得，对区块链的运用肯定不会止步于此，而在两年之后，佳士得便盯上了 NFT 的运用，并且用两场硬仗打响了自己在 NFT 领域的名声，也将 NFT 带出了加密艺术的圈子，让更多传统领域的人了解到其独特的魅力。

佳士得的第一场硬仗便一鸣惊人，因为这是 NFT 第一次在传统拍卖领域进行拍卖。2020 年 10 月，佳士得在纽约举办了一场大规模的比特币主题艺术品拍卖会，此次拍卖会主要围绕一件与比特币相关的艺术品 Block 21。Block 21 是由伦敦艺术家 Ben Gentilli 创作的《Portraits of a Mind》系列 40 个作品中的第 21 个。《Portraits of a Mind》是一个由 40 个圆盘组成的系列作品，每个圆盘包含了比特币的部分代码，它们加起来就组成了完整的比特币代码。其作者认为应该将比特币以与《大宪章》这类文档相同的方式保存，而比特币的完整代码无疑是比特币最好的诠释。

这样的创作理念十分契合有极客属性的比特币，也深受许多加密货币爱好者的青睐。Block 21 是包括实物作品和加密资产的 NFT，最终以 131 250 美元的价格被拍下。佳士得的第一次 NFT 拍卖就创下了当时 NFT 拍卖的最高价。

这次在传统拍卖平台上进行的 NFT 拍卖获得了不少关注和讨论，正当大家津津乐道于佳士得创下的 NFT 最高拍卖价时，佳士得已经开始寻找更好的标的。

于是，佳士得的第二场硬仗在时隔几个月的 2021 年 2 月打响了。第二场硬仗将上一场硬仗的天花板拉高到了一个超越众人想象力的高度。这就是佳士得与知名数字艺术家 Beeple 的合作。Beeple 原本就是在 ins 上有 190 万粉丝的超高人气数字艺术家，他在同行的影响下，见证了 NFT 的魅力，于是尝试将自己的作品 NFT 化。他与佳士得一拍即合，在佳士得拍卖了他最特殊的一幅画《每一天：前 5 000 天》。该作品是将他 5 000 天以来的所有画作全部收录到一幅画作之中，也相当于 Beeple 这些年来智慧结晶的集合。仅这次拍卖所获得的巨大流量就让佳士得收获颇丰，来自全球 11 个国家的 33 位买家参与了竞拍，并且有 2 200 万访客涌入佳士得官网围观了这场拍卖，最终这幅作品被拍卖到了 69 346 250 美元的天价，登上了各国知名媒体的头条。

通过两次震惊众人的拍卖，佳士得在 NFT 艺术品拍卖领域直接站到了制高点。随后，各种合作与关注纷至沓来。例如，知名的 NFT 应用、世界上第一个 NFT 项目 CryptoPunk 团队就与佳士得合作，以及各类明星与佳士得合作进行个人 NFT 的拍卖等。两次拍卖使佳士得获得了行业地位、丰厚的收入与巨大的流量，后续的变现对于佳士得来说实在是太容易了。

摩根大通：以太坊将在 4 年内开启 400 亿美元质押行业。摩根大通预测，到 2025 年，质押行业的年回报将达到 400 亿美元。

据 DappRadar 统计，NFT 销售额于 2021 年上半年达 25 亿美元（约折合人民币 161.6 亿元），远高于 2020 年上半年的 1 370 万美元；NFT 总市值突破 400 亿美元。区块链分析网站 Coingecko 的最新数据显示，NFT 总市值已经突破 450 亿美元。截至 2021 年 9 月 2 日，市值排名前三位的 NFT 通证分别为 Theta Network、Axie Infinity、Chiliz。NFT 涉及的领域包括收藏品、游戏、艺术品、域名、金融产品、虚拟世界等。2020 年，前三大应用领域为虚拟世界、艺术品和游戏，其市场规模占比分别为 25%、24% 和 23%。2021 年第二季度，收藏品占比迅速增加至 66%，艺术占比为 14%，体育占比为 7%。

3.4 NFT 的七大应用场景

3.4.1 艺术 NFT

NFT 有助于解决数字艺术中长期存在的稀缺性问题。当可以进行数字化的复制时，如何保持虚拟艺术品的稀有性？虽然现实世界中也有假的艺术品，但是我们通常能够对它们进行鉴定。

加密艺术的大部分价值基于能够以数字方式验证其真实性和所有权。虽然任何人都可以在以太坊区块链上浏览一个 CryptoPunk 图像，并可以下载或保存，但我们无法证明自己拥有原件。

例如，匿名的数字艺术家 Pak 创作了一系列 NFT，每件作品除了名字之外都是一样的。通过给作品起"便宜的""昂贵的""未售出的"之类的名字，Pak 根据标题赋予了每件作品不同的价值。这个系列不禁让我们思考：是什么赋予了艺术品价值？

当涉及 NFT 时，价值不一定是关于其所附着的艺术品的。有时，更重要的是证明该特定资产的所有权。这一点是使加密艺术成为最受欢迎的 NFT 用例之一的原因。

3.4.2　可收藏的 NFT

无论 PancakeSwap 兔子还是币安周年纪念 NFT，市场对数字收藏品都有大量需求。这种用例甚至随着 NFT 数字球星卡 NBA Top Shot 的推出而进入主流大众视野。

与数字 NFT 艺术一起，这些 NFT 在 OpenSea、BakerySwap 和 Treasureland 等 NFT 市场的销售中占了很大比例。它们与加密艺术有很多交集，有时 NFT 既可以是收藏品，也可以是艺术作品。以上两个用例是我们目前见过的最成熟的用例。

推特首席执行官 Jack Dorsey 的第一条推特就是 NFT 收藏品的一个代表例子。CryptoPunk 既具有收藏价值又具有视觉艺术性，而 Dorsey 的 NFT 则具有纯粹的收藏价值。

Dorsey 使用 Valuables 出售 NFT，这是一个将推文代币化的平台。你可以针对任何一条推文出价，任何人都可以还价或出价超过你。然后，由推文作者决定是否接受或拒绝报价。如果他们接受，该推文将在区块链上被铸造，创造一个带有他们亲笔签名的唯一 NFT。

每枚 NFT 都由经过认证的创作者的推特账号签名，这意味着只有原创作者可以将他们的推文作为 NFT 进行铸造。这个过程创造了一个数字的、稀有的收藏品，可以对其进行交易或自留。出售推文的概念可能有点难以理解，但这是一个很好的例子，可以说明 NFT 如何创造收藏价值。它本质上是数字版的签名。

3.4.3　金融 NFT

不是每种 NFT 都从歌曲、图片或收藏品中获得价值。在去 DeFi 中，NFT 也提供独有的金融福利。大多数 NFT 都会包括一些艺术品，但它们的价值来自自身的效用。

例如，JustLiquidity 提供了一个 NFT 质押模式。用户可以将一对代币质押在一个池子里一段时间，并收到一个 NFT 以进入下一个池子。NFT 就像一张入场券，一旦你参与到新的资金池中它就会被销毁。这种模式为这些 NFT 创造了一个基于它们所提供的访问权限的二级市场。

另一个例子是 BakerySwap 的 NFT 食品套餐，它为持有者提供额外的质押奖励。通过贡献 BAKE，用户将收到一个 NFT 食品套餐，对应不同的质押力。用户可以对这些套餐进行投机、在二级市场上出售或将其用于质押。这种将 NFT 与游戏机制和 DeFi 结合的方式，为 NFT 创造了另一个有趣的用例。

3.4.4　游戏 NFT

在游戏领域，对可交易和可购买的独特物品有着巨大的需求。它们的稀有性直接影响到它们的价格，而且游戏玩家早已经对昂贵的数字物品见怪不怪了。微交易和游戏内购买已经创造了一个价值数十亿美元的游戏产业，并且非常适合 NFT 和区块链技术的应用。

就 NFT 所代表的东西而言，这也是一个令人兴奋的领域。游戏的代币结合了艺术性、收藏性和对于玩家的效用性。不过，涉及大制作的游戏时，NFT 的应用还很遥远。

同时，一些项目也在积极地将区块链技术融入它们的游戏。AxieInfinity 和 BattlePets 都是宝可梦风格的游戏，有可交易的宠物和物品。玩家也可以在外部市场上购买和出售这些代币（个人对个人销售）。

游戏 NFT 可以具有装饰性的，但很多也具有效用性。每个 Axie 宠物都有一套用于战斗的能力。这些能力在交易时也会影响宠物的价值。一只加密猫可以仅因为其优异的繁殖属性而变得非常有价值。每个宠物的价值由其外观稀有度、特征和效用性等多个因素决定。在下面的例子中，我们能看到不止一个而是多个理想的、稀有的属性。

3.4.5　音乐 NFT

像图像或视频一样，音频也可以被附加到 NFT 上，创造一件可收藏的音乐作品。可以把它看作一张唱片的数字"首版"。将歌曲附加到 NFT 上与艺术品的例子类似，但还有其他使用情况。

音乐家面临的一个大问题是如何获得公平的版税分成。目前至少有两种可能的方式来实现理想的结果：基于区块链的流媒体播放平台和区块链版税追踪。对小型区块链项目来说，与亚马逊音乐或 Youtube 的流媒体服务竞争是困难的。尽管像 Spotify 这样的巨头在 2017 年购买了一个名为 MediaChain 的区块链版税解决方案，但也没有给艺术家带来真正的好处。

与此同时，小型项目最终往往只能与独立艺术家合作。币安智能链上的 Rocki 给独立人士提供了一个出售版税和以流媒体形式播放音乐的平台。它们在该平台上的首次版税 NFT 出售募集了 40 个 ETH，售出 50% 的版税，这一 NFT 采用 ERC721 标准。

这种模式是否会变得更加流行，将取决于大型流媒体服务对它的采用程度。将音乐与 NFT 结合起来是一个很好的想法，但如果没有大型音乐公司的支持，它可能很难成功。

3.4.6 现实世界资产 NFT

将现实世界资产与 NFT 联系起来，可以使我们证明所有权的方式数字化。例如，在房地产领域，我们通常与实体的财产契约打交道。创建这些契约的代币化数字资产可以将流动性差的物品（如房屋或土地）转移到区块链上。在应用方面，到目前为止还没有看到监管机构提供多少支持。它仍然处于发展阶段，但在未来是一个值得关注的方向。

2021 年 4 月，ShaneDulgeroff 创建了一枚 NFT，代表加州的

一处房产出售。它的代币上还附有一件加密艺术品。任何赢得拍卖的人都将获得 NFT 和房产的所有权。然而，该销售在法律上的确切地位以及买方或卖方的权利并不清楚。

当涉及较小的物品（如珠宝）时，NFT 可以帮助证明其转售时的合法所有权。例如，一个真正的、合乎道德标准的钻石通常有一个真实性证书。该证书也是证明所有权的一种方式。任何试图在没有证书的情况下转售该物品的人都无法确认其真实性，并且可能无法向买家证明他们是合法所有者。

同样的概念也可以用在 NFT 上。通过让 NFT 与物品关联，拥有 NFT 可以变得和拥有资产一样重要。你甚至可以把 NFT 嵌入有物理冷钱包的物品。随着物联网的发展，我们可能看到更多用来代表现实世界资产的 NFT。

3.4.7　物流 NFT

区块链技术在物流业中也是有用的，特别是因为它的不可更改性和透明度。这些方面确保了供应链数据的真实性和可靠性。对于食品、商品和其他易腐烂的货物，知道它们去过哪里并逗留了多久是很重要的。

NFT 还具有代表独特物品的额外好处。我们可以使用一枚 NFT 来跟踪一个产品，该 NFT 包含关于这一产品的来源、旅程和仓库位置的元数据。

例如，一双高端的奢侈品鞋是在意大利的一家工厂里制造的。它被分配了一枚你可以在其包装上快速扫描的 NFT。

（1）含有时间戳的元数据，说明鞋子是在何时何地被创造的。当产品通过供应链时，NFT 被扫描，新的含有时间戳的元数据被添加。这些数据可能包括其仓库位置和到达或离开仓库的时间。

（2）一旦鞋子到达最终目的地，商店可以扫描它们并标记为"已收到"。用户可以查看详细的历史记录，并且确认鞋子的真实性和物流旅程。

目前有很多假设性的方法，可以在供应链中应用 NFT。然而，所有这些方法都要求供应链的每个阶段使用相同的基础设施。由于全球有这么多不同的参与者和利益相关者，在现实生活中实施这些系统可能是一个挑战。这个因素导致了只有非常少的现实生活中的使用案例。

目前，马士基的 TradeLens 系统和 IBM 的 Foot Trust 是大型区块链物流解决方案的两个典型例子。两者都使用 Hyperledger Fabric，这是一个支持使用 NFT 的 IBM 区块链。然而，目前还不清楚 NFT 是否在它们的运营中发挥作用。

其实随着 NFT 的普及，我们很有可能在未来看到更多的想法和用例。目前，并不是每一种 NFT 的应用都有足够的时间来发展成型。有些可能被证明是不实用或不受欢迎的。然而，对于更基本和更直接的问题，如艺术品和收藏品的稀缺性，NFT 肯定会继续发挥作用。

3.5　NFT 与不同产业的结合点

3.5.1　奢侈时尚产业

NFT 也有可能改变奢侈时尚的世界，因为这个行业的价值来自真实性和排他性。奢侈时尚领域受到假冒和欺诈的困扰，而 NFT 可以在供应链管理中发挥作用。例如，Prada 和 LVMH 联手推出了一个名为 Aura 的区块链平台，在该平台上，购买高端商品的消费者将获得相应的单一数字孪生 NFT，它能显示产品的来源，包括有关产品的材料和制造信息。

同样，百年灵与 Arianee 合作发行了一种新型独特的数字护照，而不是依靠实物证书来证明其手表的来源。然而，到目前为止，虽然奢侈时尚产品的 NFT 解决了"原件"的所有权问题，但尚未直接解决假冒和仿冒问题。

NFT 可以带来更高水平的排他性和机会，将数字收藏品转变为客户的有价值且独特的收藏品。运动鞋和街头服饰最先采用 NFT。RTFKT Studios 与 Atari 合作发布了 NFT 运动鞋，并与数字艺术家 Fewocious 联手，在 7 分钟内售出 600 多款运动鞋，成交价超过 300 万美元。除了运动鞋，RTFKT 还拍卖了虚拟夹克和吊饰，它们同样只能在数字领域穿着。最近，耐克已经提交了 7 项意图使用商标申请，以注册其 Nike、Just Do It、Jordan、Air Jordan、标志性的 swoosh 标志、Jordan 剪影标志，以及其名称和标志的风格化组合。耐克旋风标志全部用于各种

虚拟商品 / 服务。目前尚不清楚耐克在不断发展的元宇宙中究竟想做什么，但该公司目前正在填补一些虚拟材料设计师的角色空白。这里的关键要点是，虚拟世界中的品牌有机会与其忠实客户建立新的互动和销售联系。

虚拟领域的品牌建设不仅限于数字饰品，奢侈品制造商的另一种方法是使用游戏内 NFT 创建自己的数字游戏。路易威登与数字艺术家 Beeple 合作创作了 Louis the Game，游戏中有 30 枚 NFT。游戏中这 30 件艺术品的 NFT 价值达到了 6 930 万美元。

3.5.2 供应链和物流

NFT 还可以消除假冒行为，并且帮助跟踪各个行业供应链中货物的移动。对于汽车行业，NFT 可以提供有关特定产品中材料和组件的信息，这将改善与车辆相关的两个最重要的因素——成本和安全性。鉴于对产品进行额外的验证和检查，NFT 可以提高生产商的利润，这将使具有 NFT 印章的特殊零件和车辆收取额外费用。经区块链验证的数据会在车辆或零件的整个生命周期内保留，这将改善安全措施。

在必须处理欺诈等问题的优质葡萄酒领域，NFT 用于追踪葡萄酒的来源。而且，随着越来越多的组织希望使用可持续和可回收材料，NFT 的使用将保证材料与它们所说的一样。在跟踪和验证使用的材料时，组织可以确信它正在交付向消费者承诺的东西。

3.5.3 房地产行业（真实和虚拟）

在房地产行业，所有权交易依靠层层中介来建立交易信任、敲定合同并促进货币交换。NFT 可能是运行所有权检查和验证所有权历史的有效方式。如果土地资产以 NFT 的形式呈现，则个人可以通过安全和签名的数字代币证明所有权，从而在理论上不再需要中介层。

在虚拟世界中，用户也有机会使用 NFT 创建和购买土地。虚拟房地产正在增长——到 2025 年，全球增强现实和虚拟现实市场规模预计达到 5 714.2 亿美元。Decentraland 正在开发 Genesis City，这是一块大约相当于华盛顿特区大小的虚拟土地，可供购买。Decentraland 开发人员正在努力允许用户从其他区块链导入 NFT，因此如果用户购买了一件数字艺术品，就可以在虚拟城市中享受它。

3.5.4 媒体和娱乐业

数字世界给电视、电影、音乐和娱乐行业带来了盗版和侵权等挑战。NFT 可以利用区块链技术减少欺诈和未经授权的资产复制。

由于 NFT 不能被复制或盗版，电影制片厂、音乐家、游戏开发商和其他数字产品创作者可以使用 NFT 打击对新发行作品的复制和盗版行为。如果 NFT 帮助关闭盗版电影行业，就可以每年为电影制作人节省 710 亿美元，这些资金目前正因盗版内容而损失。

在交易方面，Jay-Z 与 Jack Dorsey 和 Tidal 合作，将 NFT 用于音乐合同的执行，艺术家使用区块链对他们的音乐的初始销售以及任何未来的销售建立合同。艺术家不仅可以利用 NFT 来跟踪，而且可以扩大他们的版税基础。例如，特许权使用费的权利可以被编入代币本身，这样每当 NFT 被出售或转售时，该出售收益的一部分会自动分配给权利持有人。

3.5.5　体育产业

活动门票、某些场地的通行证和收藏品已经被标记化。最受欢迎的 NFT 市场是 NBA Top Shot，这是一个电子商务网站，用于购买和交易美国职业篮球联赛顶级球员的 NFT 视频剪辑，以及以数字卡片形式纪念的他们的最佳时刻。

NBA Top Shot 的价值已超过 1 亿美元，知名企业家和球员也参与其中。同样，电子竞技媒体公司 WePlay 发布了一系列代表特定比赛的数字纪念品，包括奖杯代币、标志代币和难忘时刻代币。这些只是 NFT 为粉丝提供新的方式与他们的团队互动，同时产生新的收入流的几个例子。在 COVID-19 大流行期间，这种创新参与是许多陷入困境的联赛和球队的重要替代收入来源之一。

3.5.6　域名

与".com"热潮类似，买家正在收购铸造中和作为 NFT 出售的区块链域名。这些域名通常以".crypto"或".eth"等后缀结尾。这些区块链域将复杂的十六进制钱包地址转换为易于记忆的名称，并启用抗审查网站。从本质上讲，这些域可以链接到一个独特的钱包，以便更轻松地发送和接收加密货币。

3.5.7 数据控制和身份管理

人们希望拥有自己的信息，特别是在数据安全和数据隐私至关重要的行业中，情况正在发生转变。NFT 包含一组具有独特信息的代码，可用于标记文件，如学位、学历证书、执照和其他资格，以及医疗记录、出生证明和死亡证明。NFT 可用于以数字方式存储、保护并在必要时共享医疗信息、个人资料和教育历史。所有这些都使消费者能够更好地跟踪和控制自己的个人数据。

3.5.8 筹款和公益

筹款人已将目光转向 NFT，将其作为一种创收形式。筹款人可以拍卖 NFT，铸造 NFT 作为捐赠者的礼物，或者可以接受 NFT 作为捐赠。英国计算机科学家蒂姆·伯纳斯－李以 530 万美元的价格拍卖了原始互联网源代码的 NFT，所得款项将用于蒂姆·伯纳斯－李所支持的倡议。《韦氏词典》（Merriam-Webster）还拍卖了 NFT 定义的 NFT，并将所有收益捐赠给了非营利教育组织 Teach For All，甚至政治运动也转向以 NFT 的方式筹款。

总结来说，作为区块链技术的应用，NFT 为公司提供了一个创新机会，使它们可以扩展其品牌、利用其消费者和追随者并建立新的收入来源。NFT 正以非投机方式在各个行业中使用，预计未来几年这种使用会增加。

3.6　2021 年全球最抢手的十枚 NFT

3.6.1　第十名：THE COMPLETE MF COLLECTION
售价：777 777 美元

THE COMPLETE MF COLLECTION 是知名数字艺术家 Beeple 的另一杰作，该作品是一段视频，其中收录了他部分已售出的艺术作品，也是其个人作品集的一部分。THE COMPLETE MF COLLECTION NFT 并不常见，因为它居然附带一个物理代币和其他配件，其中包括一个有 Beeple 签名的钛背板、一个 Beeple 的头发样本，以及一个所有权证书（据称还有其他东西）。

THE COMPLETE MF COLLECTION 是 Beeple "The 2020 Collection" 系列中售价最高的 NFT，最终由 NFT 艺术收藏家 Tim Kang 以 777 777 美元的价格获得。

3.6.2　第九名：Hairy
售价：888 888 美元

音乐家、时装设计师兼创业者史蒂夫·奥基（Steve Aoki）

最近与 3D 插画家安东尼·塔迪斯科（Antoni Tudisco）共同制作了一幅"折中主义"作品，名为"Hairy"（多毛）。两人发布了一段时长为 36 秒的视频，其中一个多毛蓝色眼镜生物跟随音乐节拍不断跳动。该 NFT 在 Nifty Gateway 平台上最终以 888 888 美元的价格售出。

3.6.3　第八名：Not Forgotten, But Gone

售价：100 万美元

WhIsBe 是纽约知名当代艺术家，也是一系列 NFT 背后的创作者，他创作的 NFT 描绘了各种创意形式的软糖小熊（gummy bears）。WhIsBe 在业内名声大噪就是因为他在布鲁克林推出软糖小熊壁画，而且还在世界各地的公共场所发布过巨大的软糖小熊雕像，但最近 WhIsBe 希望将自己的艺术才华转向 NFT 艺术领域。

WhIsBe 创作了一段时长为 16 秒的视频，名为"Not Forgotten，But Gone"，其中展示了一个旋转的软糖小熊骨骼，该 NFT 作品在 Nifty Gateway 平台上以高达 100 万美元的价格出售，这也是 WhIsBe 迄今最昂贵的一幅 NFT 作品。

3.6.4　第七名：CryptoPunk # 4156

售价：130 万美元

CryptoPunk # 4156 是一个在公开拍卖中售价超过 100 万美元的 CryptoPunk。

就像 CryptoPunk # 6965 一样，CryptoPunk # 4156 是一个罕见的"猿猴"代币，其最大特色是带有蓝色头巾。Larva Labs 网站数据显示，目前 CryptoPunk 的平均售价为 25 247 美元，相较于 12 个月前有所下降，这种趋势也导致 CryptoPunk # 4156 的价值缩水了约 51.5%。

3.6.5 第六名：Auction Winner Picks Name
售价：133 万美元

美国 DJ 和舞蹈音乐制作人 3LAU 最近与数字拼贴艺术家 Slimesunday 合作制作了一枚全新 NFT——Auction Winner Picks Name，并在 Nifty Gateway 平台上以 133 万美元的价格售出。

该 NFT 包括音乐视频和舞蹈曲目，还能让买家给最近在 Nifty Gateway 上出售的原始 NFT 和开放版 NFT 冠名。

3.6.6 第五名：CryptoPunk # 6965
售价：154 万美元

在这份榜单中，我们看到了第二个 CryptoPunk，编号为 # 6965，它是一个带有时髦的浅顶软呢帽和令人印象深刻的表情的像素图，在 2022 年 2 月以 154 万美元的价格售出。

CryptoPunk # 6965 是仅有的 24 个猿类 CryptoPunk 之一，也是仅次于 Alien（外星人）的最稀有 CryptoPunk 类型。

编写本书时，CryptoPunk # 6965 已经被转售，成交价为

2 100 ETH（约折合 342 万美元），如果交易达成，卖方获得的利润率将达到 122%，是不是很可观？

3.6.7 第四名：历史上第一条推文

售价：290 万美元

推特联合创始人兼首席执行官杰克·多尔西（Jack Dorsey）的第一条推文（也是推特历史上的第一条推文）NFT 在 2021 年 3 月进行了拍卖，最终以惊人的 290 万美元被售出。该代币通过 Valuables 铸造（Valuables 是一个允许用户将自己的推文制作成 NFT 的平台）。

作为慈善事业的一部分，杰克·多尔西承诺将本次 NFT 销售所得全部兑换为比特币，然后再捐赠给 Africa Response 慈善组织。

3.6.8 第三名：CROSSROAD

售价：666 万美元

CROSSROAD 是由著名的数字艺术家 Beeple 创建的 NFT，该数字艺术品的特点是传递一种"反特朗普"思想，作品中有一个像唐纳德·特朗普一样的大人物，但被"打败"躺在地上，他的裸体也被"亵渎"，上面画了各种各样的记号。需要注意的是，艺术品并不总是像人们想象的那样，据称 CROSSROAD 还有另一个版本，旨在根据 2020 年美国总统选举结果进行更改，如果特朗普获胜，CROSSROAD 将描绘他戴着王冠并大步走过。

Nifty Gateway 是一个受欢迎的数字收藏品交易市场，这幅 NFT 艺术品的原始所有者（推特用户 Pablorfraile）和一位匿名买家最终在 Nifty Gateway 上以 666 万美元促成了交易。

CROSSROAD 在首次购买后仅四个月就被转售，但转售价格几乎是原始价格的 10 倍。

3.6.9　第二名：CryptoPunk # 7804

售价：750 万美元

设计软件公司 Figma 的首席执行官迪伦·菲尔德（Dylan Field）是 CryptoPunk # 7804 的买主，该 NFT 的售价为 4 200 ETH，当时价值约为 756.62 万美元。CryptoPunk # 7804 描绘的是一个由代码生成的蓝绿色头像（戴着帽子和太阳镜、抽着烟斗的 Alien），也是目前仅有的 9 个具有 Alien 属性的 CryptoPunk 之一。

CryptoPunk 由美国游戏工作室 Larva Labs 的 Matt Hall 和 John Watkinson 开发，该程序可以随机生成由 24×24 大小、8bit 样式的不规则像素组成的艺术图像，总计 10 000 个，每个 CryptoPunk 都有自己的个性，其艺术形象从眼镜到帽子，甚至帽衫都有所不同，这得益于一个独特的随机生成特征。一开始 CryptoPunk 是免费赠予的，但之后一些像素化图像十分有特色，如 CryptoPunk # 7804，因此售价不断升高，2022 年 2 月，CryptoPunk # 1651 也以六位数的价格售出。

3.6.10 第一名：每一天：前 5000 天

售价：6 930 万美元

《每一天：前 5000 天》是到目前为止最昂贵的 NFT（也是有史以来最昂贵的艺术品之一），这幅作品由著名艺术家 Beeple 创作，最终在佳士得拍卖行以 6 930 万美元的价格售出。作为最古老的拍卖行之一，这也是佳士得第一次尝试出售纯数字艺术品。

《每一天：前 5000 天》由 5 000 张 Beeple 早期作品组成（一张代表"一天"），展示了他的职业生涯发展。这幅作品的买家是 Vignesh Metakovan Sundaresan，他是全球最大 NFT 基金 Metapurse 的创始人，也是知名 NFT 收藏家，曾以 220 万美元在 NFT 交易平台 Nifty Gateway 上购买过 Beeple 的"每天：2020"系列作品。值得一提的是，《每一天：前 5000 天》竞标时出价第二高的是 Tron 创始人兼首席执行官孙宇晨（Justin Sun），他当时的出价为 6 020 万美元，但在最后一秒被 Vignesh Metakovan Sundaresan "秒杀"。

第
4
章

NFT 铸造与发行

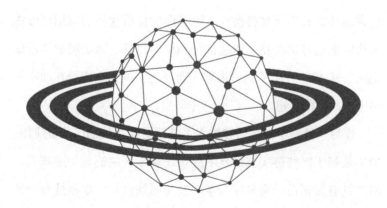

4.1 NFT 技术基本原理

4.1.1 NFT 技术基础

NFT 是 Non-Fungible Token 的英文简称，意为非同质化代币，在中国将其称为数字藏品。它是指在一条区块链上唯一且不可被替换或交换的数据单元（或称作通证或代币）。简单来说，这种通证具有不可被替换性。除了像比特币这样的应用可以在区块链上通过加密技术传递信任和价值以外，区块链的"通证纪元"从 NFT 开始才对可附着于通证之上的内容进行在加密网络中（间）的传递。

作为一种简单的在通证技术上进行更新迭代的区块链应用，NFT 是基于区块链实现的技术应用。基于区块链与加密技术，NFT 具有加密性、交易性与唯一性（稀缺性）：加密性是指其必须存在于区块链上；交易性是指它需要具有自由交易的属性；唯一性（稀缺性）是指它以本身可承载的包括文字、图像、声音和视频在内的各类内容为基准，具有不可替代性。

由此可见，NFT 技术基本原理是，基于区块链技术，利用区块链的公链或联盟链上的智能合约或标准，将现实存在的有形的物数字化或直接基于网上创作的数字化内容进行哈希化（加密的字符）后发行具有加密功能的一种新的权利代表或藏品。

4.1.2　NFT 的元素、构成与创造过程

组成 NFT 的基本元素是什么？从技术上来看，组成 NFT 的元素为区块链、通证和非同质内容；从功能上来看，组成 NFT 的元素为确权、交易和价值存储。使用区块链技术是发行 NFT 的基本，也是人们对某一 NFT 初步共识形成的来源；通证是 NFT 的底层属性，NFT 也属于通证的一种，因此设计 NFT 通证的发行机制、发行总量和增发模型对市场最终接受该 NFT 来说尤为关键；非同质内容则是指在 NFT 上附加的内容及其形式，这是 NFT 技术可实现的核心价值，然而对于每一种 NFT，往其上放入的内容也需要权衡和考量——该内容是文字、图片还是音频或视频，选择不同的内容形式对技术实现、底层区块链选择和算力要求也各有不同。从功能上来说，如果人们对某一事物需要形成 NFT 认知，则该事物具有可确权功能，即该事物可被真实地从一方转移至另一方，同时在获得方的钱包地址中能找到该事物，该事物发生了完整的物权转移过程；同时该 NFT 具有基本的交易功能，就如同你获得的真实物品一样，当你想要转卖、租借和赠予时，你具有该物品的完

全支配权，该 NFT 也可使所有者实现上述行为；价值存储是指该 NFT 需要在市场中依循市场供需规律形成有多人认同的基本价值，同时其内容在功能应用或应用场景中具有价值体现的特点和价值兑换的属性。

从另外一个角度，可以通过 NFT 的构成来理解 NFT。在社会效益和市场效果方面，NFT 可构成资产、内容和应用场景。每一枚 NFT 均可构成资产，确切来说是数字资产，NFT 是独立存在于数字和区块链世界的资产，具有和普通资产一样可拥有和转让的功能。NFT 可构成内容或数字内容，不再像比特币那样，进行记账单位的价值传递，而是可传递内容。就如同先前所说的，在 NFT 上可存放文本、图片、音频、视频等内容，对于由此衍生出来的市场，甚至有人提出"万物皆可 NFT"。该视角给了我们对于 NFT 上可承载内容的更多的洞见，也打开了其应用范围，如小说、音乐、短视频、代码、截图、海报、游戏装备、高清电影、球星卡等。NFT 可构成应用场景，或者说每一种 NFT 都有其对应的应用场景，如《每一天：前 5000 天》的应用场景是艺术品拍卖，CryptoPunk 的应用场景是头像使用和收藏，加密猫的应用场景是游戏中的稀有物品。在未来，NFT 的应用场景还将更多地结合其原有的数字属性，它在数字世界中的应用和流转范围将更加广泛。目前市面上已经有围绕 NFT 技术专门打造的更加完整的游戏场景，人们甚至把 NFT 和 Gamify（游戏化）结合在一起，丰富了 NFT 可触及的场景和人群圈层。

当然，元宇宙里的一草一木、任何物品从理论上来说都可变成NFT，更别说在元宇宙中人们之间互相展示的收藏画作、加密汽车、加密房屋等数字资产。

从一个更加遵循商业世界规则和话语体系的角度，可以这么看NFT的构成：产品、商品和作品。这三者既是NFT可构成的事物，也是NFT的三重身份属性。产品，即被生产出来满足市场需求的物品。产品具有价值性、被需要性和依附性，即产品需要依附顾客而存在，不能独立存在。同时产品具有产权特点，在某些特定环境下可以成为某一主体所拥有的资产。显然，NFT具有产品的特性，众多NFT的出现和被高价售出的案例已表明NFT是被市场需要的，符合构成产品的基本要求。商品是指被生产出来可进行交易和用于交割的物品，商品具有价值且时常带有价格标签。NFT被发行出来用于售卖是NFT问世的基本条件，而且在发行运营过程中，NFT贴上价格标签被进行首次售卖和交割，同时不支持二次转让或二手交易的情况，也更加强化了NFT的商品属性和特征。可以说所有的NFT不一定具备成为资产的条件（这也恰好是之前讨论的关于"什么是NFT"或NFT定义争议的部分，如在中国发行的支付宝《伍六七》NFT皮肤），但所有的NFT首先一定是商品，即附有价格标签，被发行到市场上。作品是指通过作者的创作活动产生的属于文学、艺术或科学领域内的具有独创性，并且能以一定形式表现的智力成果和内容。人们对于NFT作为作品并不陌生，甚至每一种 NFT 在出现时都最先以作品的形式被大众认知，只是这样的作品并不存在于其他载体上，而仅存在于区块链上。相信在不久的将来，当数字技术更加完整和成熟后，NFT 在数字世界或元宇宙中以作品形态呈现将会更加常见。

　　介绍了这么多 NFT，那么 NFT 的创造过程是怎样的？作为一个普通人来说，是否也可以参与到 NFT 的创作过程中呢？答案是肯定的，创造 NFT 不再是技术开发人员和公司团队的专利，普通人也可以进行 NFT 创造。市面上许多 NFT 铸造平台已经支持普通人进行 NFT 创造，如 OpenSea、Rarible、InfiNFT、Mintbase 和 Cargo。在这里不做具体某个 NFT 铸造平台的流程讲解，仅概述 NFT 的创造过程。NFT 的创造过程主要分为三个阶段：准备阶段、铸造阶段与发行阶段。在准备阶段，需要明确想要在哪条区块链上进行 NFT 铸造，准备好相应的应用钱包（注意不同的区块链所支持的应用钱包不同），同时把铸造 NFT 所需要的燃料费准备好。例如，如果选择在以太坊上铸造 NFT，就需要准备以太坊，因为以太坊是以太坊所需算力所消耗的通证（也就是刚才所说的燃料费）。在铸造阶段，选择支持该区块链进行 NFT 铸造的 NFT 铸造平台，选择想要在该 NFT 上存放的内容（注意：不同的 NFT 铸造平台对相关内容文件的支持和兼容也不同，普遍来说，目前市面上的 NFT 铸造平台都只支持小文件内容的 NFT 生成，如高清视频或对存储要求比较高的高分辨率图片大部分 NFT 铸造平台都不支持）。一般 NFT

铸造平台都支持文本、图片、音频和视频的 NFT 铸造，铸造过程将消耗你之前准备好的燃料费（在所选区块链上运行的通证）。铸造完成后，可以将在平台上铸造的 NFT 通过提取操作存放在自己的应用钱包中，也可以将该 NFT 在 NFT 交易市场上发行；有的 NFT 铸造平台自带 NFT 交易市场，有的则需要在其他 NFT 交易市场上发行。

　　除了海外的以公链为基础的 NFT 发行模式之外，我国也形成了以联盟链为发行基础的特色 NFT 发行模式。包括鲸探、幻核、捧音等数百家数字藏品平台，依托于蚂蚁链、至信链、文昌链等各种可管可控的联盟链，开展 NFT 发行业务。相比于国外公链自主发行的模式，国内的平台模式有一系列的显著优势。第一，版权风险更低。国内平台一般会对 IP 的真实性进行审核，盗版情况较少，版权纠纷风险更低。第二，支付更方便。国外模式一般支持数字货币支付，支付体验较差、耗时长、价值波动大。国内平台支持人民币直接购买，用户使用体验更好。第三，发行方案更为完善。国内 NFT 的创造过程，一般是 IP 持有方与藏品发行技术平台达成共识，核实 IP 持有方有权发行特定的 NFT 后，由技术平台协助发行方进行相关的区块链技术操作，并且技术平台方一般也承担 NFT 的数字化展示和宣传的任务。综合以上三点，通过基于区块链的 NFT 发行业务进行符合主流人群的使用体验改进，让用户与 NFT 发行方都更加方便地发行与消费 NFT，大大加速了行业的落地进程。

4.2 NFT 主要协议技术标准

4.2.1 ERC721 标准

ERC721 诞生自 CryptoKitties，是最早被以太坊社区认可的 NFT 协议标准，也是目前应用最广泛的标准。它定义了 NFT 的 4 个关键元数据——ID（全局标识符）、NAME（名称）、SYMBOL（符号）、URI（统一资源标识符），它们也成了后来出现的各种 NFT 协议的元数据基础。ERC721 与 ERC20 类似，能够实现 NFT 的发行、交易和授权，基本满足区块链业务的需要。

然而，ERC721 有一个致命缺陷制约着它的普及——一份合约只能发行一种 NFT 资产，加上 Solidity 也没有很好的方案能方便地统一管理不同合约的资产，这使 ERC721 难以胜任复杂游戏的场景（一款游戏的道具类型可能多达上千种）。

4.2.2 ERC1155 标准

ERC1155 是由 Enjin 提出的适用于游戏场景的 NFT 资产协议标准。它与 ERC721 不同的地方主要在于以下三点。

（1）可以在同一份合约内发行任意种类的 NFT 资产，并且可以对不同种类的多份 NFT 资产打包交易。这大大节约了用户在进行资产交易时的手续费开销，并且优化了体验。

（2）通过 id split 方案可以同时表征 FT（Fungible Token），

如 BTC、ETH 和 NFT。

（3）在游戏场景里比较有用，如表征一些可堆叠的消耗品（血药、蓝药等），它们本身也是同质化的。

ERC1155 移除了元数据中的 NAME 和 SYMBOL 字段，仅保留 ID 和 URI 字段。这降低了 ERC1155 本身的描述能力，而把描述资产的权利让渡给了上层，DApp（去中心化应用）可以按需定制对 URI 字段的解析逻辑。对于游戏场景来说，通过牺牲去中心化来换取便利性和扩展性是值得的，这使开发者可以针对不同的业务场景复用 NFT 道具。从设计上来看，ERC1155 更看重 NFT 的轻量和互操作性。

ERC1155 系统的优势之一是效率高：使用 ERC721，一个 ID 可能代表一把"剑"，如果用户想转让 1 000 把"剑"，则需要修改智能合约的状态（通过调用 TransferFrom 方法），以获得 1 000 个独特的代币。使用 ERC1155，开发者只需调用数量为 1 000 的 TransferFrom 方法，并执行一次转移操作。当然，这虽然提高了效率，但同时带来了信息的损失，即无法再追踪单把"剑"的历史。

4.2.3　其他标准

其他不同的 NFT 定义标准包括 EOS 的 EOSIO.NFT 标准、IOST 的 IRC721 标准、Binance 和 Enjin 的 ERC1155 标准、BCX–NHAS–1808 标准等。

4.3　如何铸造 NFT

4.3.1　制作作品数字 ID

前半部分和上文提到的技术原理十分相似，想将一张图片制作成 NFT，需要提取它的基本信息，然后将它们转化为字节，再将字节输入加密算法得到一个输出值。这个输出值只对应唯一的一个源内容（即图片），并且无法被篡改，这个输出值就是数字 ID。

4.3.2　数字 ID 通证化

想要通证，就需要选择任意一条区块链进行智能合约开发。需要注意的是，不同区块链的底层标准协议逻辑或技术组件都有所差别，这也是导致开发的智能合约有所不同的原因，而智能合约直接映射了制作的 NFT 所具有的基本属性和流转方式。

将开发好的智能合约部署到所选择的区块链上后，它会变成一个 DApp，接着调用开发的智能合约，将图片的数字 ID 存储在所选择的区块链上。

4.3.3　NFT 作品展示

通过上面的步骤，可以得到一个通证 ID，通过这个通证 ID 可以前往开发的智能合约中读取图片 NFT 信息数据，得到一个通证 URL，它就相当于一把"密匙"。通过这把"密匙"就可以借助浏览器或其他介质应用，还原存储在 IPFS 分布式文件系统中的 NFT 作品内容。

4.4　如何发行 NFT

要发行 NFT，需要注意以下 6 个步骤。

4.4.1　NFT 交易平台的选择

目前市面上已有近百家 NFT 交易平台，可以完成包括铸造、上链、发行、二级市场交易等一系列服务，但从各家 NFT 交易平台的运营状况来看，并不是所有交易平台都适合品牌方，毕竟品牌方不同于一般的 NFT 发行方，要考虑品牌安全、口碑，以及发行后的各种衍生问题。

通常而言，考查一个 NFT 交易平台的维度主要包括以下几个方面。

1. NFT 交易平台的经营资质

国内外有很多 NFT 交易平台，这里主要介绍国内的合规 NFT 交易平台需要哪些资质证明。

一个合格的 NFT 交易平台，一般包括区块链备案、ICP 许可证、EDI 许可证、网络文化经营许可证、出版物经营许可证等。当然还可以有拍卖资质等，在这方面当然是多多益善，需要特别注意的是区块链备案尽量要有，NFT 交易平台必然使用底层区块链技术作为支撑，而根据国家网信办《区块链信息服务管理规定》，区块链信息服务提供者应当在提供服务之日起10个工作日内履行备案手续。

备案意味着国家会将所使用的区块链纳入监管视野，毕竟大量的 NFT 交易信息要通过区块链进行存储和认证，一旦出现问题，主管机关必须有足够的能力了解和处置。当前，除了国内的联盟链比较合规，还有不少 NFT 交易平台使用以太坊等国际公链或公链上的侧链，这种模式在商业上可能更有利于 NFT 的流通，但在合规层面仍旧存在一定风险。

2. NFT 交易平台能够支持的发行方式

目前国内部分 NFT 交易平台采取极为保守的策略，即只支持铸造合法性环节，不支持流转和分享，也无法绑定版权，完全将 NFT 定位为藏品。其实 NFT 本身是自带宣传和分享属性的，特别是音乐 NFT，所以它更符合市场要求，它的发行是合法合规的转赠，以及在流转中心处分享，能带给 IP 更多的衍生开发价值和需求。

3. 股权结构及创始团队

市面上大部分 NFT 交易平台还是以初创公司为主，这就需要考查公司的股权结构。一般而言，有专业的投资方，或者由在艺术品市场、区块链技术等方面有较强资源和经验的股东成立的 NFT 交易平台可靠程度相对更高。

此外，还应该关注核心创始团队成员组成，考查他们是否有较为丰富的 NFT 交易平台运营经验和管理能力。

4. NFT 交易平台的擅长领域及过往发行记录

不同类型的 NFT 在发行过程中有诸多个性化的要求和营销方法，而不同的 NFT 交易平台也往往各有所长。例如，有的 NFT 交易平台擅长进行纯艺术品发行，可能在选品、运营方面有独到之处，而有的交易平台比较综合，经营各种品类，因此品牌方应该关注 NFT 交易平台是否有擅长的品类，以及是否有类似的其他品牌的发行记录或案例，通过对以往案例的考查，可以对比分析自身 NFT 发行后可能出现的问题并预判发行效果。

4.4.2 IP 自身的瑕疵检查

发行 NFT 意味着将与版权和商标等有关的一系列权利以 NFT 的方式上线分发，其本质上一个知识产权生意，而且发行后产生交易时，由于交易会经过区块链的确认，比一般的交易合约更难修改或解除，所以发行方（权利人）应当提前对待发行的 IP 进行认真检查，确保享有发行所必要的权利，特别对于涉及第三方的权利还需要取得必要的授权。此外，不少具有一定知名度的 IP 还存在一个普遍的问题：在之前的 IP 运营过程中，可能已经通过其他渠道做了诸多发行和授权操作，要确保后续的 NFT 发行不会跟已有的授权发生冲突，否则可能产生来自已授权渠道和 NFT 买家双方面的索赔主张。

4.4.3　确定合适的发行方案

发行方案决定了后续的发行质量，主要考虑以下几个问题。

1. 直接作为发行方发行还是由平台或第三方代发行

前者的好处是可以更直接控制整个发行过程，并且及时对发行过程中出现的问题作出调整。代发行的方式相对而言更加省心省力，只需提供相应的 IP 素材和版权资质，剩下的工作无须考虑，但采用这种方式时不太容易掌控发行流程，出现的问题取决于代发行方的处理能力，同时可能涉及一定的额外代发行费用。另外，如果代发行方为了获取更多佣金采取炒作、虚假宣传等方式也会给发行方带来重大风险，这些问题需要在《代发行协议》中提前做好约定，进行风险隔离。

2. 确定发行的权利（权益）范围

NFT 到底是什么在很多品牌方心目中恐怕并不是十分清楚的，所以不能贸然发行一个法律上无法界定权利范围的 NFT。尽管目前很多 NFT 默认是只能够作为"藏品"自行收藏和欣赏，但也有越来越多其他的新玩法。例如，将版权中的一部分（甚至全部）与 NFT 绑定发行，或者将各种赋能权益（优先购买权、折扣权、会员权益等）与 NFT 绑定发行，这些都是需要提前考虑清楚的。只有权利清晰，日后才可能尽量避免争议，特别是 NFT 发行量一般较大，而且不像实物商品那样有一个较长的交割周期，NFT 的交付几乎是在交易的同时瞬间完成，NFT 自带的智能合约也自动执行，所以如果出现失误，则后续处理的成本非常高。

3. 了解 NFT 智能合约的内容

NFT 的发行与线下发行的一个重大区别就在于会用到智能合约，也就是说，一部分交易条款是写在代码里自动执行的，如发行方获得的版税、平台的佣金等都可能直接写在智能合约的代码中，此时应当向平台方充分了解其使用的智能合约内容，以及是否需要调整。例如，如果发行方更希望以公益或回馈用户的方式发行，那么应该将版税调整为一个很低或为零的价格，而且一旦 NFT 被二级市场炒作，相应的交易差价中也有相当一部分以版税的形式分配给品牌方，这些都会给品牌方带来额外的风险。

4.4.4 做好渠道管理

重复发行 IP 数字藏品是行业大忌，同时也涉嫌违约甚至欺诈。因为用户在购买时是基于一个藏品的发行量来考量价格的，一个藏品发行 10 枚 NFT 和发行 1 000 枚 NFT 的价格显然不同，但如果品牌方在一个平台上发行了 10 枚 NFT，在另一个平台上再发行 10 枚 NFT，显然前一个平台的 NFT 要折价一半，这对于用户而言是无法接受的，该藏品也很容易被平台列入黑名单。

与此同时，同一个 IP 可以在不同平台发布不同版式的 NFT，这倒是可以接受的，毕竟 NFT 对应的是一个作品版式，不包括同一个 IP 之下的其他版式设计，但慎重起见，最好能够充分告知用户，保障其知情权。

4.4.5　及时清理假冒、仿冒 NFT，避免品牌淡化

同样的道理，如果市面上出现很多近似的、蹭流量的 IP，则应该尽快维权清理。例如，像素头像、无聊猿等知名 NFT 品牌出现后，大量的近似设计开始被上链发行，导致很多新用户因为分不清正版和仿冒，进而逐渐转向其他 IP 品牌。

4.4.6　严控炒作等违法行为，避免涉刑风险

这一点要重点强调，品牌方自行参与炒作，通过虚假宣传、宣称回购、在社群里带节奏等方式赚取收益，这种相当于直接踩红线，风险不言自明。

如果采用盲盒等方式发行 NFT，还要注意在玩法设计上与赌博隔离。

此外还应该注意，应尽量确保 NFT 的价值能够撑得起价格上涨幅度，一旦价格过分超出其价值，尽可能熔断、控价，否则可能涉及非法集资、诈骗等。相信大部分品牌方不会主动从事这样的活动，但仍然应该密切关注合作的平台和代发行方，避免被其他人的违法犯罪行为牵连。

4.5　NFT 的存储安全

显然，无数人都意识到了 NFT 蕴藏的极大潜力。大量的热卖也证实了这一点。可是，买家们在狂热之余也应该考虑一个十分重要的问题：当创造这些 NFT 的公司倒闭、艺术家离开这一领域时，NFT 的安全和存储怎么办呢？下面介绍 NFT 的存储方式及其面临的挑战。

4.5.1　存储方式

NFT 目前使用的主流链下存储方式有中心化存储、中心化可验证存储、去中心化存储、去中心化的可修复存储等。

1. 中心化存储

大多数 NFT 项目的市场份额没有 OpenSea 大，很多还处于起步阶段，不太关注链下数据存储的安全性。智能合约中的特定标识符可用于返回相关的元数据和媒体数据。通常使用 Web 服务器上的 URL 作为标识符。该服务器由公司运行或由亚马逊等云服务提供商提供。集中存储的风险是篡改数据和拒绝服务。

2. 中心化可验证存储

以 CryptoPunks 为例，它最初将其产品的集成图像存储在一个中心化的服务器中，然后将该图像的加密哈希值存储在一个智能合约中进行验证。这样做的好处是可以通过哈希值来验证图像，确保没有进行任何修改，防止 NFT 媒体数据被篡改。然而，

NFT 媒体数据本身存储在中央服务器中，而不是像存储在区块链上的 NFT 所有权那样备份在整个网络的节点中，从而带来数据丢失、拒绝服务等潜在风险。

中心化可验证存储方式是对中心化存储方式的优化，但仍然存在诸多风险，不能很好地满足 NFT 和元宇宙对认证数据的高可靠存储的要求。

3. 去中心化存储

IPFS 作为去中心化存储的代表，逐渐被 NFT 行业所接受。IPFS 旨在为传统的中心化 HTTP 提供去中心化寻址补充。以 Bored Ape Yacht Club 为例，它的 NFT 元数据和媒体数据都存储在 IPFS 中；IPFS 提供冗余备份和稳定的内容寻址。作为一个运行在多个节点上的寻址网络，它解决了以前集中存储方式中无效 URL 地址的痛点，避免了对集中服务提供商的依赖。

IPFS 的去中心化寻址方式进一步完善了 NFT 元数据和媒体数据的存储方式，但作为寻址系统，它无法提供足够安全可靠的存储服务。虽然 CID 地址会一直在系统中，但对应的具体数据没有这样的稳定性。原因是 IPFS 中的网络节点在备份内容时是自驱动的——如果只有单个节点或少数节点备份相应的内容，当这些节点损坏或离线时，存储的数据就会消失，留下只有 CID 的无效消息。

4. 去中心化的可修复存储

作为 NFT 解决链下存储问题的一种新可能，去中心化的可修复存储系统引起了行业内外的广泛关注。Filecoin、Memo、Arweave 等去中心化分布式云存储项目也在积极为 NFT 追随者探索更好的存储解决方案，其中 Filecoin 和 Memo 基于各自的存储生态推出了 NFT 存储项目。

NFT.Storage 是一个基于协议实验室推出的 Filecoin 生态系统的 NFT 存储项目。通过该项目存储的 NFT 将被存储在 IPFS 或 Filecoin 中。目前，存储的单条数据的容量被限制在 100MB 以下。它的修复功能建立在 Filecoin 的激励机制之上。通过存储节点的评分和验证系统，它可以及时发现和修复损坏或丢失的数据。但是，IPFS 中的存储是由 Protocol Labs 提供的，需要更多的网络节点参与，需要进一步去中心化。Filecoin 上的存储尚未连接到主网络，由测试网络节点提供，因此存在网络重置导致数据丢失的风险。

Metastorage 是基于 Memo Labs 推出的 Memo 生态的 NFT 存储项目。通过该项目存储的 NFT 将双重存储在 IPFS 和 MEFS（Memo Labs 独立开发的存储系统）中。目前对存储的数据量没有限制。其修复功能基于 MEFS 存储系统，利用多副本和纠删码冗余机制，同时提供开放的验证方式。系统中的 KEEPER 角色负责为用户匹配通过验证和挑战的节点，并提供持续的评估和维护。虽然 MEFS 的整体修复机制与区块链解耦，但仍然需要 Memo 参与更大范围的节点，为 MEFS 系统提供支持，构建稳定的生态系统。

去中心化的可修复存储有可能成为未来 NFT 存储的解决方案，更好地匹配元数据和媒体数据的存储，以及 NFT 的所有权存储。目前，其产品技术和规模还处于萌芽阶段，实施程度有待进一步观察。

4.5.2 NFT 存储的挑战

实现任何新技术都要解决各种难题，NFT 存储也面临不少挑战。这里从可用性、存储安全和隐私的角度分别讨论。

1. 可用性

可用性是指特定产品对于用户的有效性、效率和满意度。因为大多数 NFT 项目都建立在以太坊上，所以很明显，以太坊的主要缺点已经被继承。下面讨论直接影响 NFT 存储的三个主要挑战。

（1）稀缺冗余机制。通过上述分析，NFT 目前使用集中式数据中心和 IPFS 进行存储。但是，这两种方法的冗余机制都不是很可靠。中心化数据中心通常会制作多个文件副本以实现冗余，成本很高。IPFS 没有自运行的冗余方法。虽然每个文件对应的 CID 是全网广播的，但文件本身的数据存储在节点本地，依赖其他节点进行自发备份。Filecoin 作为 IPFS 的激励层也没有完成激励节点备份的使命——网络节点中存储的大部分数据只是为了激励，因此无效。

（2）确认缓慢。NFT 通常将交易发送至智能合约，以使铸造、销售和交换等活动的管理透明和可信。然而，当前的 NFT 系统与其底层区块链平台紧密耦合，这使它们的性能非常差。比特币的速度只有 7 TPS，而以太坊只能提供 30 TPS，这使 NFT 的确认速度非常慢。解决这个问题需要重新设计区块链拓扑、优化其结构或改进共识机制。现有的区块链系统无法满足这些要求。这也导致复杂的元数据和"海量"媒体数据存储在链下系统中。

（3）高燃料费为 NFT 的一个主要问题，尤其在大规模铸造 NFT 时，需要将元数据上传到区块链网络。每笔 NFT 相关的交易都比简单的转账更昂贵，因为智能合约涉及计算资源和存储。复杂的流程、来自通信拥塞的巨大压力和高昂的费用极大地限制了 NFT 的广泛应用。在大多数情况下，生产 NFT 的成本远高于 NFT 的当前价值。尽可能地将 NFT 的相关数据存储在链下是目前解决这种严重不平衡问题的主流解决方案，但同时也带来了各种风险。

2. 存储安全和隐私

来自用户的数据是任何系统的重中之重。对于链下存储的数据和与区块链上的标签相关联的数据，存在两者之间失去联系或被恶意滥用的风险。下面讨论直接影响 NFT 存储的两个主要挑战。

（1）NFT 数据的不可访问性。在主流的 NFT 项目中，大部分加密的哈希值被用作标识符而不是真实的媒体数据。它们被记录在区块链上，丢失或损坏原始文件的可能性让用户对 NFT 感到不安全。一些 NFT 项目已经开始与专门的文件存储系统合作，如 IPFS，它允许用户通过哈希值来寻址内容。只要 IPFS 网络上有人打理，用户总能得到与哈希值匹配的对应内容。尽管如此，这样的制度仍然存在不可避免的缺陷。当用户将 NFT 元数据和媒体数据上传到 IPFS 节点时，不能保证他们的数据会在所有节点中复制。数据存储在 IPFS 上时，可能只有一个节点托管内容，而在任何其他节点上都没有备份。如果存储数据的唯一节点与网络断开连接，则数据可能变得不可用。此外，NFT 也可能指向错误的文件地址。如果出现这种情况，用户就无法证明自己确实拥有 NFT。总而言之，依赖外部系统作为 NFT 系统的核心组件将永远存在漏洞。

（2）匿名/隐私。大多数 NFT 交易依赖于其底层的以太坊平台，该平台仅提供伪匿名而不是严格的匿名或隐私。用户可以部分隐藏他们的身份。如果真实身份与对应地址之间的联系为公众所知，则可以观察到用户在受感染地址下的所有活动。现有的隐私保护解决方案，如同态加密、零知识证明、环签名和多方计算，由于其复杂的加密原语和安全假设，尚未大规模应用于 NFT 相关解决方案。

4.5.3　监管政策

NFT 面临的法律和政策问题涉及广泛的领域。潜在的相关领域包括商品、跨境交易、KYC（了解你的客户）数据等。在进入 NFT 领域之前，对相关的监管审查和诉讼有一个正确的了解是非常重要的。

在一些国家，对加密货币的法律要求非常严格，NFT 销售也是如此。在铸造、交易、出售或购买 NFT 时，监管困难是无法规避的。从法律上讲，用户只能在授权的交易所交易股票和 NFT 等衍生品。其他一些国家，如马耳他和法国，正在尝试实施适当的法律来规范数字资产的服务。它们要求买家遵循复杂甚至相互矛盾的条款。因此，与知识产权相关的产品，包括艺术品、书籍、域名等，在现行法律框架下被视为应税财产，但是其尚未包括 NFT 销售额。尽管美国等少数国家将加密货币作为财产征税，但世界上大多数地区尚未考虑对加密资产征税。这可能会大大增加以 NFT 交易为掩护的金融犯罪数量，以逃避相应地区政府的征税。对个人参与者根据与 NFT 财产相关的任何资本收益征税。此外，NFT-for-NFT、NFT-for-IP 和 Eth-for-NFT 等交易都应征税。除此之外，高利润的财产或收藏品应适用更高的税率。

4.5.4　可扩展性

NFT 解决方案的可扩展性包括两个方面：第一个方面是强调一个系统是否可以与其他生态系统相互作用；第二个方面是 NFT 系统在放弃当前版本时是否可以更新。

1. NFT 的互操作性

现有的 NFT 生态系统彼此隔离。一旦用户选择了一种产品，就只能在同一个生态系统内进行交易——这受到底层区块链平台的限制。目前，如果有人想跨 NFT 生态系统进行交易，就需要通过类似 OpenSea 的第三方交易平台来完成。脱离原有区块链平台的信任机制，会增加信任成本。互操作性和跨链通信一直是 DApp 广泛推广的障碍，而跨链通信只有借助外部信任方的帮助才能实现。这样一来，去中心化的质量必然会受到一定程度的损害。

幸运的是，大多数 NFT 相关项目都使用以太坊作为其底层平台。这意味着它们共享相似的数据结构并且可以在相同的规则下进行交换。不同的 NFT 项目有不同的存储方法。如何在保持去中心化的同时建立统一的风险结构是未来的重要课题。

2. 可更新的 NFT

过渡性区块链通常通过软分叉和硬分叉更新其协议，这说明了更新现有区块链的困难和权衡。尽管是通用模型，但新的区块链仍然有严格的要求，例如容忍特定的对抗行为和在更新过程中保持在线。NFT 程序严重依赖底层平台，并且必须与它们保持一致。虽然数据通常存储在单独的组件（如 IPFS 和 MEFS 文件系统）中，但最重要的逻辑和代币仍然记录在区块链上，并且需要适当地更新系统。

随着 NFT 的不断发展，特别是在国内外平台和技术的共同熏陶下，相信人们会在各种挑战和机会中不断完善其法规、用户心态及底层技术，让 NFT 能真正达到 Web 3.0 的期待，实际与现实绑定，为人们提供更好的生活资料。

4.6 全球主要的 NFT 交易平台

NFT 行业已经从 2021 年开始迅速地发展成熟，目前国内外有多家相对较为成熟的 NFT 交易平台，下面分别进行简单的介绍。

4.6.1 OpenSea

OpenSea 大胆地将自己描述为最大的 NFT 市场。它提供了广泛的、不可替代的代币，包括艺术、抗审查域名、虚拟世界、交易卡和收藏品。它包括 ERC721 和 ERC1155 资产。用户可以购买、出售和发现独家数字资产，如 Axies、ENS 名称、CryptoKitties、Decentraland 等。OpenSea 拥有 700 多个不同的项目，包括交易卡游戏、收藏游戏、数字艺术项目，以及 ENS（以太坊名称服务）等名称系统。

创建者可以使用 OpenSea 的项目铸造工具在区块链上创建自己的项目。用户可以使用它免费制作集合和 NFT，而无须编写任何代码。如果用户正在为游戏、数字收藏品或其他一些区块链上的独特数字项目开发自己的智能合约，则可以轻松地将其添加到 OpenSea。

如果用户在 OpenSea 上销售商品，则可以以固定价格出售商品、创建降价列表或拍卖列表。

4.6.2　Rarible

Rarible 是一个社区所有的 NFT 市场，其所有者持有 ERC-20 RARI 代币。Rarible 将 RARI 代币奖励给平台上在 NFT 市场上买卖的活跃用户。它每周分发 75 000 RARI。

该平台特别关注艺术资产。创作者可以使用 Rarible 铸造新的 NFT 来销售他们的创作，无论书籍、音乐专辑、数字艺术还是电影。创作者甚至可以向所有来到 Rarible 的人展示他们的创作，但将整个项目限制在购买者身上。

Rarible 在艺术、摄影、游戏、元节、音乐、域名、模因等类别中买卖 NFT。

4.6.3　SuperRare

SuperRare 非常注重成为人们买卖独特的单版数字艺术品的市场。每件艺术品都是由网络中的艺术家真实创作的，并且被标记为可以拥有和交易的加密收藏数字项目。它形容自己就像 Instagram 与佳士得的相遇，提供了一种与艺术、文化和互联网收藏互动的新方式。

SuperRare 上的每件艺术品都是数字收藏品——一种由加密技术保护并在区块链上进行跟踪的数字对象。SuperRare 在市场之上建立了一个社交网络。由于数字收藏品拥有透明的所有权记录，因此它们非常适合社交环境。

所有交易都是使用以太币进行的，以太币是以太坊网络的原生加密货币。

目前，虽然 SuperRare 只与少数精选艺术家合作，但是用户可以使用表格提交自己的艺术家个人资料，以了解它们即将全面发布的信息。

4.6.4　Foundation

Foundation 是一个专业平台，旨在将数字创作者、加密原住民和收藏家聚集在一起，推动文化向前发展。它自称为新创意经济，主要重点是数字艺术。

2020 年 8 月，Foundation 在网站上的第一篇博文中公开呼吁创作者尝试加密货币并"玩转"价值概念。它邀请创作者"破解、颠覆和操纵创意作品的价值"。

每当 NFT 在 Foundation 上进行交易时，艺术家都会从该次交易中获利 10%，即只要收藏家以更高的价格将其作品转售给其他人，艺术家就会获得销售价值的 10%。

4.6.5　AtomicMarket

AtomicMarket 是一个共享流动性的 NFT 市场智能合约，被多个网站使用。共享流动性意味着在一个市场上列出的所有内容也会在所有其他市场上显示。

它是 AtomicAssets 的市场，是 eosio 区块链技术上不可替代代币的标准。任何人都可以利用 AtomicAssets 标准来标记和创建数字资产，并使用 AtomicMarket 买卖和拍卖资产。

用户可以在 AtomicMarket 上列出自己的待售 NFT，也可以浏览现有的列表。知名集合的 NFT 会得到一个验证复选标记，这使人们更容易发现真正的 NFT。在 AtomicMarket 上，恶意集合被列入黑名单。

4.6.6　Myth Market

Myth Market 是一系列便捷的在线市场，支持各种数字交易卡品牌。目前，其特色市场有 GPK.Market（可以在其中购买数字垃圾桶儿童卡）、GoPepe.Market（用于 GoPepe 交易卡）、Heroes.Market（用于区块链英雄交易卡）、KOGS.Market（用于 KOGS 交易卡）和 Shatner.Market（用于 William Shatner 纪念品）。

4.6.7　KnowOrigin

KnowOrigin 是一个可以发现和收集稀有数字艺术品的市场。KnowOrigin 上的每件数字艺术品都是真实且独一无二的。创作者可以使用该平台向关心真实性的收藏家展示和出售他们的作品。它由以太坊区块链保护。

创作者可以将数字艺术品以 JPG 或 GIF 格式提交到 KnowOrigin 画廊，所有文件都存储在 IPFS 上。

4.6.8　Enjin Marketplace

Enjin Marketplace 是一种可以探索和交易区块链资产的机制。它基于 Enjin 的 NFT 官方市场。迄今为止，它已使 4 380 万美元的 Enjin Coin 用于数字资产，涉及 21 亿枚 NFT，已交易 832 700 项。用户可以使用 Enjin 钱包轻松列出和购买游戏物品和收藏品。

项目页面展示了 Enjin 驱动的区块链项目，包括 Multiverse 等游戏物品收藏、"铁锈时代"与"六龙"之类的游戏、微软公司的 Azure Heroes、社区创建的收藏品，以及 Swissborg 等公司的 NFT 游戏化奖励计划等。

4.6.9　Partion

Partion 是一个在线市场，它通过区块链技术连接艺术家和收藏家，使用户以完全透明的方式轻松销售、投资、拥有艺术品和收藏品。它包括艺术家社区，这是一个分散的艺术家和创作者的全球网络。

Partion 允许部分人成为收藏家。可以在一个地方管理实体和数字收藏，从而可以轻松地将加密货币换成艺术品和收藏品。

部分代币是以太坊区块链上的 ERC–20 资产，其存在的目的是对平台的未来进行去中心化管理和投票。Partion 为流动性挖掘、艺术家资助、合作伙伴关系和未来的团队成员发布新的代币。Partion 在艺术家创建新 NFT 时也会分发新部分代币，目前每个代币价值 500 PRT。

4.6.10　鲸探

鲸探是支付宝参与打造的蚂蚁链的数字收藏品发布平台。蚂蚁链作为国内外领先的区块链技术服务提供方，是很多头部数字收藏品 IP 方进行数字化艺术探索的首选。基于此，大众可通过鲸探支持自己热爱的数字收藏品和艺术家。当用户拥有蚂蚁链技术支持的数字收藏品时，鲸探可提供收藏欣赏、向好友展示和赠送的功能（具体以鲸探实际提供的功能和服务为准）。目前鲸探仅提供无偿转赠功能，而不支持任何形式的有偿转赠。

第 5 章

NFT 的法律、监管与合规应对

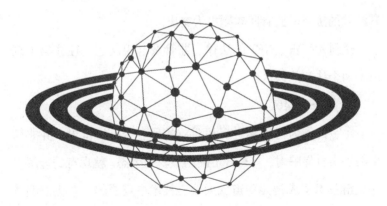

与现实世界的生态多样性一样，元宇宙是一个由新型科技、内容、治理体系、经济系统、法律规则及监管等构成的大生态体系。在元宇宙这个生态体系中，对其健康发展起着核心作用的有两个支柱：其一是技术发展，尤其需要突破硬件瓶颈；其二是法律规则与监管，缺乏法律规则及有效适当的监管，元宇宙将难以构建起秩序与治理体系。而作为元宇宙基因的 NFT，其涉及的法律、监管问题则更为突出。

谈到元宇宙、NFT 的法律、监管及合规问题，往往会出现以下两个认知的误区。

1. 第一个误区

元宇宙作为与现实世界相对应的另一个平行世界，并非简单的现实世界映射，其有着不同的逻辑与生态。就现有的理解，区块链技术将成为元宇宙六大核心技术中重要的一个生态型技术，智能合约、数字代币支付、内容的 NFT 等均构建在区块链技术之上，而一般认为，区块链技术的核心与本质是去中心化的，既然去中心化，谈何监管呢？我们有必要回答这个基本问题。

我们可以说，以互联网为基础构建的数字世界是分层次的，这个层次就是与现实世界之间的链接远近关系。就当下数字世界的发展情况看，数字世界可以分为以下几个层级。

第一层级的数字世界，依托于现实世界传统产业的线上线下融合模式。这个层级的运转都是基于实体经济，实体经济依托于特定的物理空间，从而与主权国家之间有着各种各样的关系，甚至可以说，主权国家在这个层级上有着相当的主导性，严监管已成为常态。

第二层级的数字世界，不再依托于现实世界传统产业的虚拟经济，这是一种非分布式的数字世界。由其推动的内容生产，采用众多网民参与内容和数据生产的分布式模式，形成了一种强大的生态体系，平台搭建者成为规则制定者，其由数字巨头所主导，监管相对有所弱化。

第三层级的数字世界，是一种纯分布式的世界，从用户的活动到平台的管理都是分布式的。区块链为第三层级数字世界的出现提供了技术可能性。区块链还提供了一种全新的类公司组织机制，也就是去中心化自治组织。这种组织机制会形成一种全新的类公司机制，它能够完成与公司相似的功能，但又无须集中式的注册与管理。

未来真正的元宇宙应当是属于第三层级的，它应该是一种真正分布式的数字世界，会有最初的发起者，但其发展演化的过程会超脱于最初的发起者之外，获得其独立的生命力。

但是，第三层级的数字世界并不是完全独立于现实世界的，因为它仍然需要前面层级的数字世界提供各种基础设施才能有效活动。而第一层级和第二层级的数字世界仍需要现实世界的法律规则及监管来构建秩序，因此，完全脱离现实世界监管的绝对去中心化是一个美丽的"乌托邦"。例如，NFT涉及的原始作品，在上链之前已经是一个独立的作品，如果在上链之前已经存在权利纠纷或侵权问题，那么上链之后的作品即便不可篡改、唯一、保真又有什么意义呢？

以上仅以元宇宙中六大核心技术具有"去中心化"属性的区块链技术举例说明，更何况其他五项技术与现实世界的联系更为紧密，如网络安全问题、数字权属问题、数据跨境流动涉及的公共安全问题等，无一不受到现实世界的监管。

2. 第二个误区

元宇宙生态体系内不需要法律规则与合规。如上所述，元宇宙属于典型的第三层级的数字世界，它是由群体共识所主导的。既然它由群体共识主导，谈何法律规则与合规呢？

在元宇宙的世界里，传统的法律形态正在通过现实世界中的人与物之间的关系，与虚拟世界并行起来。

首先，在元宇宙世界也同样存在犯罪、侵权、金融欺诈、商业纠纷、知识产权和个人隐私等一系列与现实世界相同的问题，这些问题在互联网世界几乎无处不在。不能说形成了群体共识，就一定可以依靠智能合约自动执行，未来真实的元宇宙绝非依靠"比特币网络"那种完全的自动激励执行，即便比特币网络和以太坊，也会因为群体共识出现分歧而分叉，而分叉避免了生态的分裂。

其次，如何界定上述法律关系的形态和如何构建适用于元宇宙世界的法律制度？这就需要消除各个法系之间的冲突，构建不受普通法、大陆法和地理限制的统一元宇宙法。这无疑会降低法律适用和执行的经济成本和提高元宇宙世界的运行效率。为此，也许需要统一的超越国界的元宇宙法律规则、监管体系。

由此可见，元宇宙也需要法律、监管与合规。作为元宇宙基因的 NFT 更为特殊，其他生态型技术更需要法律规则，因为 NFT 本身就涉及现实世界的著作权与数字世界核心技术区块链的融合。为此，本章重点梳理归纳了 NFT 可能涉及的法律、监管及合规问题。

5.1 NFT 合规与元宇宙生态

5.1.1 元宇宙生态

元宇宙作为整合各种新技术而产生的新的生态系统，其核心内涵包括虚实融合、以用户生产为主体、具身互动、统一身份、经济系统五个部分。元宇宙的发展需要平衡虚拟与现实之间的关系，甚至要增强现实。元宇宙的发展也许会让人类对高维世界和现实世界产生新的认知文明，对当今技术充满信心，并希望人类永远保持人文关怀和批判性。

与星际旅行和外太空探索一样，元宇宙也是人类拓展内卷化地球这个现实世界的一部分，星际探索是向地球之外的物理星球探索，依靠的是空天技术，而元宇宙探索则是人类向虚拟世界挺进与探索。

元宇宙生态体系应当包括新兴技术（硬件与软件，包括云＋网＋端）、内容、元宇宙群体共识与规则、经济系统、外部监管与法律等。

元宇宙生态体系至少包括：①在虚拟社区中拥有和经营虚拟身份；②社交功能；③沉浸式体验；④低延迟，在互联网和信息技术发展成熟之后，元宇宙中的一切都是同步发生的；⑤内容、玩法、道具的多元化；⑥用户能够较容易地进入元宇宙的世界；⑦经济系统，用户能够在其中进行生产和消费活动；⑧虚拟文明。

根据当下业界初步共识，元宇宙生态系统由六大技术整合、搭配或组合而成，包括：①区块链技术（B）；②交互技术（I）；③电子游戏技术（G）；④人工智能技术（AI）；⑤网络及运算技术（N）；⑥物联网技术（T）。

5.1.2　元宇宙七大关键技术栈

由此可见，元宇宙的内涵吸纳了信息革命、互联网革命、人工智能革命，VR、AR、ER、MR、游戏引擎等虚拟现实技术革命成果，向人类展现出构建与传统现实世界平行的全息数字世界的可能性；融合了区块链技术，以及 NFT 等数字金融成果，丰富了数字经济转型模式。

5.1.3 元宇宙生态中的 NFT

如上所述，元宇宙生态由六大技术、创意与内容（包括游戏、版权作品等）、元宇宙共识与治理（内部）、监督与合规（外部）等组成。首先从技术维度看，NFT 与区块链、电子游戏等两大技术密切相关。从创意与内容维度看，NFT 与版权及其邻接权相关。

在元宇宙系统中，如何实现元宇宙居民消费即生产、生产即消费、参与即价值、玩要娱乐即赚钱、边玩边赚钱？如何实现现实世界与数字世界价值系统的对接与融合？如何实现未来机器人时代下大量"失业"人群的迁移与新的价值创造？创意与创作、游戏、娱乐、社交、分享等很可能是一种很好的方式，也是元宇宙的吸引力及价值所在。

元宇宙内的创意与创作、游戏、娱乐、社交、分享等与共识机制、经济系统有关，更与 NFT 有关，NFT 是经济系统的基石，而经济系统则是元宇宙生态中的重要组成部分。因此，NFT 是元宇宙生态的基因，是最重要的载体与工具之一。

5.1.4 元宇宙生态涉及的法律与监管问题

如上所述，元宇宙生态涉及的法律问题非常多元和复杂，主要围绕网络平台、资产发行与管理、网络空间安全、数据权属、共识机制与规则 5 个方面进一步细分，可以从以下几个维度分析元宇宙生态涉及的法律与监管问题。

1. 元宇宙六大技术可能涉及的法律问题

元宇宙六大技术可能涉及以下法律问题。

（1）区块链技术。区块链技术在元宇宙生态中是构建生产关系的技术，智能合约、共识机制、可信计算、经济系统、NFT 等都以区块链技术为基础构建。尤其是涉及激励与价值分配的部分，常与代币有关，而该部分则涉及现实世界中的金融秩序问题，因此，存在扰乱金融秩序的合规法律风险。

（2）交互技术。交互技术是元宇宙居民游走在现实世界与数字世界（虚拟世界）之间最重要的连接，包括移动互联网技术、VR、AR、脑机接口技术、全息影像、传感技术、物联网技术等，而该类技术最大的法律风险涉及非法收集数据问题、网络安全问题、隐私保护问题等，还有数据的跨境流动带来的公共安全问题。

（3）电子游戏技术。电子游戏技术包括游戏引擎、云游戏、3D 技术、编程等。该类技术涉及出版物的合规性问题。

（4）人工智能技术。在元宇宙生态中，人工智能起着重要的生产力的作用，涉及个人隐私、网络安全、数据治理等众多问题，亦涉及非法收集数据问题。

（5）网络及运算技术。包括5G网络、云计算、大数据、算法、边缘计算等技术，该类技术涉及的法律合规性问题是非法经营问题、算法歧视问题、算法控制问题。

（6）物联网技术。物联网在元宇宙中成为连接现实世界与虚拟世界的重要工具与桥梁，是现实世界的法律、监管规则与元宇宙内治理规则的有机结合，是保持元宇宙合规性的重要环节。该领域存在的法律合规风险是隐私、网络安全、高耗能问题。

2. 元宇宙生态内外合规性问题

除了上述六大技术可能存在的六大法律合规性问题之外，还存在元宇宙生态内外合规性问题。

元宇宙生态外部合规性问题就是与现实世界连接交互时，需要遵循外部现实世界相应的法律规则与监管机制，包括数据、网络、内容、金融四个方面。

元宇宙生态内部合规性问题则是元宇宙参与者之间所发生的争议，虽然这类争议由共识机制保障，甚至由智能合约予以自动执行，但依然需要处理参与者关于共识机制的分歧、争议、资产权利及侵权问题等。

5.1.5 元宇宙生态下NFT的法律合规性问题

如前所述，区块链是元宇宙系统中最重要的技术，而在区块链技术应用中，NFT以其连通"链上与链下"资产的新颖特质和应用形态正在崛起。伴随 NFT 市场规模的逐步扩大，应用场景、生态的不断丰富，一个新兴的信任价值体系或将惊艳整个数字经济领域。元宇宙的生态及生机大部分与内容有关，而 NFT 为此提供了重要的载体与价值工具。

未来 NFT 对应的元宇宙中会有大量文艺活动及文艺产品等内容，因此 NFT 是元宇宙的重要拼图。NFT 的法律合规性问题是元宇宙众多法律问题中最复杂、最重要的问题，是元宇宙得以健康发展的前提与基础。

NFT 与游戏的结合使元宇宙概念有了落地的可能。元宇宙是一个与现实世界平行的虚拟世界，人们可以通过互联网和兼容的硬件设备自由访问，并在其中进行互动，就像科幻电影《头号玩家》所描绘的那样。

借助 NFT，可以实现元宇宙中虚拟资产、虚拟身份的确权和交易，通过去中心化的方式保障用户虚拟资产、虚拟身份安全，实现元宇宙中的价值交换，整个流转系统也可以透明方式执行，使元宇宙真正运转起来。因此，可以说 NFT 是初露峥嵘的区块链应用，是元宇宙的重要支柱，是元宇宙的基因和基础服务商。

NFT 涉及的法律问题庞杂，例如 NFT 的属性问题（是代币还是证券），NFT 权属、NFT 发行涉及的问题，NFT 权属性质、NFT 交易问题，NFT 原始内容的法律合规性问题等。

因此，在元宇宙生态视角下探讨 NFT 的有关问题，就必须首先探究 NFT 涉及的法律问题、监管问题及合规应对问题。

5.2 NFT 涉及的法律问题

如果说比特币、以太坊这些加密货币是用作交易用途的代币，那么 NFT 更像对应现实世界之中物品的概念。与其他纯链上的虚拟数字资产相比，NFT 其实打通了链上与链下、现实世界的真实的物 / 作品与虚拟世界数字资产之间的关系。

就当下及未来可能的 NFT 应用场景而言，NFT 不仅存在于数字空间，更重要的是，它们也可以代表任何类型的物理资产，作为一种"数字孪生"，与现实世界中存在的任何东西连接，并在数字市场上实现实物资产的所有权转手和交易。例如，与现实世界中的房地产连接，发行代表房地产权益证明的 NFT。NFT 的另一个潜在的应用场景是认证。人们的身份信息、成绩单，或者各种证书都是独一无二的凭证，与 NFT 的概念非常契合；如果用于实体物收藏品认证，NFT 就可以解决实物资产交易中的权属、知识产权防伪防盗、数字身份创建与认证、票据凭证等问题。此外，如果将 NFT 与 DeFi 结合，则可能催生许多创新应用场景。

由此可见，基于数字化、密码学、区块链等技术构建的 NFT，其应用场景可能越来越多，其代表的权利或权益将更多更大。不同应用场景的 NFT 涉及的法律问题并不完全相同，不能一概而论，需要结合具体应用场景进行分析和定性。本节仅以艺术品 NFT 为例来探究 NFT 的相关法律问题。

一个完整的 NFT 生命周期或流程主要包括四个环节——创建（铸造）、发行、交易、流通，可简要概括为铸造与销售两个过程。在这个过程中，可能涉及主体为 NFT 原始作品的著作权人，互联网文化产品权利人，数字复制品的权利人，NFT 发行人，NFT 铸造者 & 销售平台，NFT 的消费者、接受赠予者、二次流转者等参与者或利益相关者。

根据 NFT 生命周期及可能参与的主体，我们初步可以得出在 NFT 的完整流程中，相关主体围绕各个环节或流程所产生的不同法律关系。例如，与这些主体及交易有关的原作著作权、数字复制品权利，NFT 及其创建经营平台等产生的交易关系，涉及权利的界定，以及权益分配和再分配等法律关系。

如上所述，NFT 是元宇宙的基因，其在元宇宙中对整个虚拟经济活动起着关键的作用，也是连接现实世界中真实的物与数字世界中数字化资产的重要载体。基于 NFT 的流程，目前可以看出，NFT 主要有两类：一类是基于现实世界中存在的真实的物的 NFT，如将艺术品、物体、人物肖像、票据等内容或物的载体上链铸造成的 NFT 数字产品；另一类是直接在线创造形成的 NFT，它不再直接与现实世界中已存在的权益物品关联，如在线创造的艺术品、卡通形象、游戏数字内容作品等。也就是说，

NFT 既可以是只存在于互联网上的数字资产——可编程的艺术作品，也可以以代码的形式作为现实世界真实标的物的代表数字资产，表示标的资产的所有权。从更专业的角度来定义 NFT："NFT 采用一种智能合约模式，它提供了一种验证谁拥有 NFT 的标准化方式，以及一种'移动'不可替代数字资产的标准化方式。"因此，NFT 涉及的法律关系可能存在于内、外两个世界。

5.2.1 现实世界视角下 NFT 可能存在的法律问题

在 NFT 的场景中，涉及现实世界中的实物资产、艺术品、票证、人物肖像、著作权等客观存在的物品，这些现实世界中的物品是创建 NFT 的源泉与基础，物品上链铸造的过程，即形成 NFT 的过程，涉及这些物品的所有权、知识产权等权属法律问题，铸造、发行及销售 NFT 的相关主体也设立于现实世界之中，这就存在一个 NFT 在现实世界中的法律关系、监管与合规问题。其主要涉及两类：上链之前（NFT 创建之前）的原始权利（物权、知识产权及其他权利）、NFT 相关参与者的合法合规性（权利与义务）。

5.2.2 数字世界中 NFT 可能涉及的法律问题

在数字世界中，作为元宇宙基因的 NFT 在元宇宙生态系统中与元宇宙生态系统内的各个参与者会发生相关法律问题，包括元宇宙的治理体系，元宇宙的共识机制，元宇宙内 NFT 的创建、分配与流通，权益纷争等。

与现实世界产生关联的 NFT 涉及上述两类法律问题，直接在线形成的 NFT 也会涉及上述两类法律问题。但相对而言，因为其不涉及现实世界中原有权益的连接，涉及的参与主体较少，法律关系比较容易确定，分歧不大。

NFT 可能遭遇的第二类法律问题，将随着元宇宙生态的成熟后逐渐被人们认识和构建，法律规则总是落后于现实，人们不可能超越发展现实，凭借想象力去构建一个法律规则。即便人们可以基于预测构建法律规则，这个法律规则的思维也还是现实世界中的法律、监管与秩序思维，无法超越与突破另一个世界中的规则和秩序。因此，本章主要讨论的还是 NFT 涉及的第一类法律问题，即现实世界视角下 NFT 可能存在的法律问题。

笔者认为，基于现实世界成熟的法律规则与法律思维去看待 NFT 的法律问题，就需要理解 NFT 的本质，通过其本质分析其整个流程或生命周期中涉及的法律问题。就 NFT 本质而言，其主要还是利用了区块链技术的不可篡改、可追溯等可信属性，铸造出一种非同质化代币或不可替代代币，其使 NFT 具有唯一性、稀缺性特点。不管现实世界中所有以艺术品、文字、音乐或影像等各种形式存在的真实物品，还是存在于数字世界中的数字化的收藏品与线上游戏，都可以通过 NFT 的特殊认证方式来验证其唯一性与稀有价值。

5.2.3 NFT 权属的法律界定

1. NFT 权利来源

如上所述，NFT 的权利有两种来源，以艺术品 NFT 为例，一种是直接在线创造并形成 NFT 艺术品，即存在于互联网上的数字资产——可编程的艺术品，如直接在线完成艺术品的创作、在线写作、在线编程等。另一种是将线下实物艺术品铸造成为 NFT 艺术品，即以代码的形式作为现实世界真实标的物的代表数字资产，表示标的资产的所有权。对于这种类型，存在一个原始作品的铸造或上链数字化、代码化过程。

笔者认为，基于未来真正的元宇宙生态，第一种直接基于在线完成的可编程的艺术品代表着主要潮流与方向，元宇宙生态一旦形成，就会形成大规模的原住民迁移，原本在线下现实世界创作的群体就会迁移到元宇宙之中，直接在元宇宙生态中创作、社交，大大减少线下现实世界的创作。如此一来，也就没有必要在线下现实世界完成创作，然后再上链。

基于以上两类不同的 NFT 权利来源，需要区分不同情形来分析 NFT 的法律属性。当然直接在线创作形成的 NFT，少了一个原始作品主体的链接，其包含于第二种 NFT 权利来源中。对第一种 NFT 权利来源而言，虽然也有很多法律问题，但目前争议相对较少；对于第二种 NFT 权利来源而言，因为它涉及比较多的环节和主体，所以存在很多不同的看法。因此，本节直接分析第二种 NFT 权利来源可能涉及的法律问题。

2. NFT 权利来源涉及的法律问题

一个完整的链上链下 NFT 过程，包括原始作品的法律权属，铸造、发行、交易等主要环节。我们从这个过程及参与的主体来分析 NFT 权利来源可能涉及的法律问题，从而看清庐山真面目。以下以画作为例，从现实世界画家创作的画作到该画作上链铸造、发行、交易、流通、权利行使等系列过程来拆解、剖析、解构 NFT 涉及的法律问题。

（1）原始作品的法律权属。

从 NFT 形成的逻辑上看，NFT 形成的过程：第一步是选取真实的画作；第二步是对该画作进行复制；第三步是将数字复制品存储在私有云中；第四步是将数字复制品利用密码学与算法创建出哈希值或某种密码；第五步是将该哈希值或某种密码字串／字符上链，即存放在区块链上，进行记账，使该哈希值或密码字串／字符利用区块链技术具有唯一性和稀缺性。通过以上五步，NFT 就完成了。接下来就是发行、交易、流转、权利行使等环节，但这些其实是 NFT 的流转环节，如果只铸造 NFT 用于保存，不去从事任何交易活动，就不存在之后的环节与步骤。

数字复制品并非数字作品本身，数字复制品仅是实物作品的部分权利在数字世界里的映射。现实世界中画家的画作，通过铸造上链，就形成独一无二的一个数字证明牌，即 NFT。

通过上述流程可见，先需要选取现实世界中已经存在的一幅真实画作作为基础，这就涉及一个法律问题，这个基础画作的法律权利是什么？因为这个画作是现实世界中的画家创作的作品，因此，必然需要用现实世界中的《著作权法》加以分析与界定。

《著作权法》第三条规定："本法所称的作品，是指文学、艺术和科学领域内具有独创性并能以一定形式表现的智力成果，包括：（一）文字作品；（二）口述作品；（三）音乐、戏剧、曲艺、舞蹈、杂技艺术作品；（四）美术、建筑作品；（五）摄影作品；（六）视听作品；（七）工程设计图、产品设计图、地图、示意图等图形作品和模型作品；（八）计算机软件；（九）符合作品特征的其他智力成果。"

《著作权法》第十条规定："著作权包括下列人身权和财产权：（一）发表权，即决定作品是否公之于众的权利；（二）署名权，即表明作者身份，在作品上署名的权利；（三）修改权，即修改或者授权他人修改作品的权利；（四）保护作品完整权，即保护作品不受歪曲、篡改的权利；（五）复制权，即以印刷、复印、拓印、录音、录像、翻录、翻拍、数字化等方式将作品制作一份或者多份的权利；（六）发行权，即以出售或者赠与方式向公众提供作品的原件或者复制件的权利；（七）出租权，即有偿许可他人临时使用视听作品、计算机软件的原件或者复制件的权利，计算机软件不是出租的主要标的的除外；（八）展览权，即公开陈列美术作品、摄影作品的原件或者复制件的权利；（九）表演权，即公开表演作品，以及用各种手段公开播送表演作品的权利；（十）放映权，即通过放映机、幻灯机等技术设备公开再现美术、摄影、视听作品等的权利；（十一）广播权，即以有线或者无线方式公开传播或者转播作品，以及通过扩音器或者其他传送符号、声音、图像的类似工具向公众传播广播作品的权利，但不包括本款第十二项规定的权利；（十二）信息网络传播权，即以有线或者无线的方式向公众提供，使公众可以在其选定的时间和地点获得作品的权利；（十三）摄制权，即以摄制视听作品的方法将作品固定在载体上的权利；（十四）改编权，即改变作品，创作出具有独创性的新作品的权利；（十五）翻译权，即将作品从一种语言文字转换成另一种语言文字的权利；（十六）汇编权，即将作品或者作品的片段通过选择或者编排，汇集成新作品的权利；（十七）应当由著作权人享有的其他权利。

"著作权人可以许可他人行使前款第五项至第十七项规定的权利，并依照约定或者本法有关规定获得报酬。

"著作权人可以全部或者部分转让本条第一款第五项至第十七项规定的权利，并依照约定或者本法有关规定获得报酬。"

根据上述规定，NFT 完整过程的第一步，即现实世界原始画作的权利归属于画家本人，其依法享有《著作权法》第十条规定的十七项权利，其中包括了《著作权法》第十条第五项规定的"复制权，即以印刷、复印、拓印、录音、录像、翻录、翻拍、数字化等方式将作品制作一份或者多份的权利。"该项权利就是数字作品权利。

这说明数字作品这一形式已经得到我国立法肯定。《著作权法》对作品形式进行了开放式的规定，其中第三条规定，作品是指文学、艺术和科学领域内具有独创性并能以一定形式表现的智力成果。只要符合具有独创性、是智力成果、能以某种形式表现这三个特征，就是《著作权法》保护的客体，这里的"某种形式"当然包括数字形式。因此，直接在线创作的数字作品，如在网上创作或用数码相机摄影摄像形成的作品即符合作品的特征，属于数字作品，其创作者当然享有著作权。数字作品形式目前也得到了司法实践的认可。

该类本身即有著作权的数字作品，无须再进行数字化复制，而仅需要用密码学和算法生成哈希值或密码，存放在区块链上，利用区块链的可信（不可篡改、可追溯等唯一性）特征，形成唯一的、不可拆分、不可再复制的、具有稀缺性的非同质化代币，从而成为数字作品的权利或权益代表凭证。

对于非数字化的作品而言，则需要多一个步骤，就是数字化，这就涉及《著作权法》第十条第五项规定中的复制权。这个过程不同于数字化作品本身的 NFT 铸造，其本身并非数字化作品，而是将线下真实画作利用数字化技术进行数字化复制，其行使的仅是《著作权法》十七项权利中的第五项权利——数字化方式复制权，这与数字化作品铸造显然是不同的。

根据上述规定，画家可以将其享有完整的十七项权利中的第五项至第十七项规定的权利，并依照约定或者《著作权法》的有关规定获得报酬。也可以全部或者部分转让这些权利，并依照约定或者《著作权法》的有关规定获得报酬。

此外，我国《著作权法》还规定了邻接权。邻接权是著作权的一种类型，是指著作邻接权人的权利。著作邻接权人是指作品传播者，如图书，报刊，录音、录像制品的出版者、艺术表演者等。

由上述分析可见，NFT过程的第一步中涉及的画作，其著作权归属于画家本人。画家可以将著作权中的第五项权利，即复制权，许可他人使用，收取一定的报酬。但《著作权法》第二十四条、第二十五条对著作权人的权利进行了限制。如果符合第二十四条规定的情形，可以不经画家许可不支付费用进行使用，如果符合第二十五条规定的情形，可以不经画家许可，但需要支付费用后进行使用。除此之外，未经著作权人许可或未向其支付费用，不得行使画家作品的复制权，否则构成侵权。

（2）铸造形成NFT过程的法律性质。

将画家的画作复制、存储、哈希化、上链等系列过程，其实就是行使画作著作权人上述十七项著作权中的第五项、第十二项两项权利，即复制权＋信息网络传播权。也就是说，NFT≠数字作品，甚至不等于数字作品的存证，而只是数字复制品在链上的一种密码学或数字表达。说到底，NFT 只是某作品在数字世界中的一种映射标记，其自身并无更多的艺术价值，其价值大小取决于交易双方的约定和交易规则的界定，其被赋予或代表的权利或权益越大，其价值就越大，反之亦然。

由上述内容可见，铸造 NFT 的过程是一个技术过程，包括三项关键的技术：其一，数字化技术，通过数字化手段将现实世界的实物——艺术品，复制并保存在线上，即数字化；其二，是利用密码学和算法将在线作品生成哈希值或密码字串 / 字符形式，即哈希值化；其三，将哈希值或密码字串 / 字符上传并存放于区块链之上，即上链化。

因此，NFT 本身就是利用上述三项技术将原始的物的权利或权益（著作权、所有权或其他权利）数字化、哈希值化、上链化的技术过程，它与该过程涉及的相关主体的法律权属并不一致。

除《著作权法》第二十四条、第二十五条规定的情形之外（实际上现实中的 NFT 不符合该规定的情形），铸造人需要经著作权人的许可并支付费用。

根据《著作权法》的规定，著作权有以下三种许可方式。

1）独占许可。独占许可是指在合同规定的时间和地域范围内，著作人所授予引进方使用该版权的专有权利，著作权人不能在此范围内使用该版权，更不能将该版权授予第三方使用。

2）排他许可。排他许可是指在合同规定的时间和范围内，著作权人在授权引进方使用其版权的同时，自己仍然保留继续在同一范围内使用该版权的权利，但不能将该版权授予第三方使用。

3）普通许可。普通许可是指在合同规定的时间和地域范围内，著作权人在授权引进方使用其版权的同时，自己仍保留在同一地域范围内使用该版权的权利，也可以将该版权授予任何第三方使用。

根据上述三种不同方式的许可，只有取得著作权人的独占许可，铸造人实际上才取得了该画作的独家铸造 NFT 权利，在排他许可下，著作权人可以自行铸造，而在普通许可下，著作权人可以许可多个铸造人进行铸造。

直接将自己的画作铸造成 NFT 产品，以及直接在线创作数字产品并铸造成 NFT 产品，属于著作权人与铸造人合二为一，就不存在以上问题了。以上说的是著作权人与铸造人分离的情形。

此外，必须说明的是，画作的著作权人将画作的两项著作权中的财产权——复制权和信息网络传播权许可给铸造人使用，无论使用上述三种许可方式中的哪一种，铸造人获得的都是使用权，并非著作权，也就是该著作权本身并未转移。

在这里必须区分：著作权转让与著作权许可的不同、著作权财产权全部许可与部分许可的不同、著作权许可方式的不同。

只有区分了上述三项权利，才能真正明白 NFT 著作权的来源。对于画作可以转让著作权，但著作权转让的是财产权部分，人身权部分不能转让。著作权财产权部分可以全部转让，也可以部分转让。著作权可以转让也可以许可使用，许可使用可以采取独占许可、排他许可及普通许可中的任何一种形式，可以将著作权的全部权利许可，也可以将部分权利许可他人使用。

接下来的问题是：铸造者将原始画作铸造上链后形成的 NFT 拥有何种权利？它是一种什么权利？要回答这个问题，先要回答以下几个问题。

首先，铸造 NFT 产品的过程，是一种将特定产品信息数据进行数字化并与特定 TokenID 锚定的过程。因此可以说，将特定数据信息以数字化呈现是 NFT 产品铸造的本质。那么将特定数据信息数字化是一种什么行为？

鉴于 NFT 未来发展及应用场景的多样性，如果需要准确定性分析，就必须结合实际应用场景。这里仅以上述例子中的画作为例进行阐明。

在很多情况下，将画作按照 NFT 铸造五步法进行数字化的行为是一种行使复制权的行为。其权利属于《著作权法》第十条第五项规定的以数字化方式将作品制作一份或者多份的权利。但在铸造的过程中，仅复制原画作就可以了吗？显然不是的，还需要很多步骤，可能还会对数据进行加工甚至再创作。例如，如果在铸造 NFT 时对静止的画面进行了全方位的摄制，可能还加进了一些其他创造性要素，这就行使了摄制权。如果作品是线下实物，在 NFT 产品铸造过程中将其改编为小视频，就行使了改编权。如果将其翻译成外文，那么还可能包括翻译权。如果将多个数字作品统一铸造成 NFT 产品，那么可能涉及汇编权。

而信息网络传播权是 NFT 必须涉及的著作权中的一项权利，几乎所有 NFT 产品铸造行为都要行使信息网络传播权。因为画作被铸造成 NFT 以后，合法用户凭 NFT 都可以看到画作，这就相当于进行了信息网络传播。

上述除数据权益之外的其他权利，都属于著作权的财产权部分，需要著作权人许可才能行使。而数据权益，即对作品相关数据进行收集、使用的权利，也依法需要相关用户的授权。

由此可见，经著作权人许可、相关用户的授权，将特定数据信息数字化是 NFT 的合规基础与前提。而许可的范围、授权的范围及用途，直接影响了铸造后 NFT 的权利边界。因此，不能对 NFT 的权属法律性质一概而论。

其次，NFT 的法律属性，即 NFT 交易的本质是什么？也就是说，在 NFT 的交易中，交易的标的物究竟是什么？换言之，购买者购买了 NFT，购买的究竟是什么权利？

如果放在传统《著作权法》语境下，购买者购买了一幅画作，那么购买者获得的是该画作本身的所有权，拥有该画作的绝对处分权——可以卖，可以销毁，可以赠予，可以展览欣赏，可以设置担保，可以典当等，购买者同时享有随附的展览权，也就是可以为该画作举办展览会，委托机构展览、拍卖等，也可以自己欣赏，邀请他人欣赏等。

那么，在 NFT 的交易中，卖的是什么？买的又是什么？

查阅佳士得 NFT 艺术品拍卖规则、蚂蚁链 NFT 作品拍卖规则，以及腾讯幻核 NFT 交易规则，可以看到大致相同的表述，都包含数字作品的唯一性、稀缺性的技术描述，基本都声明了版权归发行方或原创作者所有。由此可见，购买者最后获得的 NFT 的实际权益是通过平台规则、服务协议来确定的。

对于 NFT 交易标的的法律属性，实践中有以下三种不同的观点：其一，交易的是对应数字资产的知识产权；其二，交易的是对应数字资产的财产权，当数字资产为数字作品时，即该数字作品的复制权；其三，交易的就是 NFT 本身。

这三种观点都不能完整表述 NFT 的法律属性，我们倾向于认为，可将 NFT 视为所交易的权利或权益的数字凭证，究竟是何种权利或权益，应当由交易规则及服务协议（或双方的交易约定）最终确定。

因为，如上所述，将画作铸造为 NFT，其权利基础来自画家的著作权许可或转让，而许可的方式或许可的范围亦由铸造者与画家双方约定，既然原始权利基础来自约定，那么 NFT 铸造方（此处特指铸造方与发行方合二为一的情形）、交易平台或发行方出售 NFT 的权利也受制于权利基础的约定。

最后，基于版权人原始画作铸造 NFT，是否能获得邻接权？

《著作权法》规定了邻接权。《著作权法》第三十一条规定："图书出版者对著作权人交付出版的作品，按照合同约定享有的专有出版权受法律保护，他人不得出版该作品。"第四十一条规定："录音录像制作者对其制作的录音录像制品，享有许可他人复制、发行、出租、通过信息网络向公众传播并获得报酬的权利；权利的保护期为五十年，截止于该制品首次制作完成后第五十年的 12 月 31 日。被许可人复制、发行、通过信息网络向公众传播录音录像制品，还应当取得著作权人、表演者许可，并支付报酬。"

根据前述 NFT 铸造过程，结合上述邻接权的法律规定，可以初步认为，将原始画作铸造成 NFT 并发行，其产物更多的是画作某种权利或权益的数字凭证，并不符合上述邻接权的规定。

通过上述分析可以看出，从技术角度可以运用密码学技术、区块链技术使 NFT 的 Token 凭证（代表物的权利或权益的凭证），具有唯一性、可证明的稀缺性、不可分割性、不可篡改性、可交易可流通性、可编程性、可标准化等特性，但并不意味着或证明该 NFT 所代表的对应的权利或权益具有唯一性、稀缺性，其权利取决于交易双方的约定，即取决于卖方的授予。例如对于一张演出票证，其究竟拥有什么权利？例如，某年某月某日某时在某剧院某座位观看某场演出，取决于发行演出票一方的规定，用户的购买行为意味着用户同意该安排。NFT 与该普通演出票证的唯一区别在于：NFT 不可复制，不可篡改，具有唯一性、稀缺性，不可拆分。但这仅是技术手段和工具的区别，其代表的权利并无本质区别。

在实践中，人们经常对 NFT 产生诸多误解，错把 NFT 技术描述（独一无二的非同质化代币）等同于其所代表的权利或权益的唯一性，其实并非如此。何况，在普通许可下，画作的著作权人可以将复制权和信息网络传播权许可给多个铸造者，发行多种 NFT，这些 NFT 在技术上都具有非同质化，但是其代表的权利可以完全相同（被赋予相同的权利或权益）。

还有一种误解是，认为基于 NFT 的唯一性与稀缺性，映射一件艺术品的 NFT 只有唯一的一个代币。从技术角度来讲，这也不准确。根据 NFT 最新的发展，它已经出现了新的变种。

在最初的 ERC721 标准下，每个智能合约只能发行一种 NFT 资产，但在 NFT 资产丰富的场景中却并非如此。例如，游戏道具意味着要部署很多智能合约，增加对网络燃料费的消耗。后来加密项目 Enjin 团队对 ERC721 标准作出改进，提出了 ERC1155 标准，在该标准下，ID 代表的不是单个资产，而是资产的类别。例如，一个 ID 可能代表"剑"，而一个钱包可能拥有 1 000 把这样的"剑"。在这种情况下，balanceOf 方法将返回钱包中"剑"的数量，用户可以使用"剑"的 ID 调用

TransferFrom 方法来转移任意数量的"剑"。

目前，NFT 的智能合约已有以下三个常用标准。

1）最传统的 NFT 底层协议 ERC721。ERC721 是最传统意义上的 NFT，每一枚 NFT 代币都有差别，每一枚 NFT 都不是完全一样的。

2）具备 FT 特点的 NFT 协议 ERC1155。ERC1155 是 NFT 的变种，兼具 NFT 和 FT 的特点。相比于 NFT 的每一个 ID 都有不同，ERC1155 代币的每一个类（class）均有区别，但是在同一类别下则具备 FT 的属性，可以实现完全互换。这样的属性决定了 ERC1155 相比 ERC721 有明显的效率优势，不但具备更强的兼容性（可以支持分割），还可以支持多种类型的代币，更为重要的是可以支持批量的数据传输。

3）ERC721 的延伸：ERC998。ERC998 被称为可组合非同质化代币（CNFT），它的结构设计是一个标准化延伸，允许每一种 NFT 由其他的 NFT 或 FT 组成。这意味着代币内的资产可以组合或组织成复杂的头寸，并且使用单一的所有权转让进行交易。

此外，人们普遍认为 NFT 本身就是一种原始资产，这种看法也是错误的。NFT 是否能够作为原始资产全部权利或权益的代表凭证，仍应当视情况而定，这取决于 NFT 代表什么样的基础资产。NFT 可以是原始资产，也可以是仅存在于虚拟世界中的资产，如 CryptoKitties 或 CryptoPunks。同时，NFT 可以是确认用户在现实世界中拥有确定资产的收据，如房地产或者在巴黎卢浮宫博物馆展出的实物艺术品。

总而言之，通过购买 NFT，一个人只会获得所购买 NFT 的权利，即表明与该作品有某种联系的权利。但是，没有人拥有使用该作品的知识产权的权利——任何人都无权复制、分配或执行它，当然，除非已被赋予此类权利。因此，对 NFT 的法律分析与传统知识产权的法律分析非常相似。

5.2.4 资产权益视角下 NFT 的法律属性

1. NFT 本身到底是物权还是债权

基于上文所述，我们可以清楚地看到，就当下发行的大多数 NFT 而言，尤其对上述画作 NFT 而言，NFT 本身代表的是对应某种物的权利或权益的数字化、密码化及区块链化的数字凭证，是 NFT 持有人对合同相对方随时行使欣赏、观瞻、聆听权利的一种凭证。其权益或权利大小取决于双方约定和交易规则确定，实际上是一种权利凭证的交易，而其基础是基于信任的契约交易。其本身并非物权，而是一种权利的表征，而该权利建立在合约的基础上。当购买方获得 NFT 之后，可以依据合约的规定请求合同相对方来保障其行使权利或享有权益，如果该权利或权益不能得到保障，则可以依据合同约定来追究合同相对方的违约责任，因此，其属于基于合同项下的债权，是一种相对权，是一种请求权，并非物权本身或知识产权本身。即便合约规定了其权利是取得物的所有权或知识产权，但该合约项下权利本身的基础仍是债权、相对权、请求权。

这一点类似于房屋买卖合同，合同本身并非代表房屋所有权，而是取得房屋所有权的基础，只有履行合同，房屋交付并完成公示登记之后，才产生所有权的变动。在此之前，如果一方违约，守约方只能依据合同项下的权利向法院起诉要求履行合同，其请求权基础仍是合同，并非物权。简言之，NFT 实际上是债权凭证。

2. NFT 是数字货币吗

NFT 被称为非同质代币，但相对于 BTC、ETH 这些具有相同属性、价格的同质代币，以及基于以太坊 ERC20 发行的各种代币，NFT 则具有唯一、稀缺、不可分割的属性，它是一种特殊类型的加密令牌，每枚 NFT 有自己独特的特点。其是某种资产的权利或权益数字凭证。与不代表任何权益或权利的纯粹代币显然有所不同。

3. NFT 是证券吗

在法律实务中，关于 NFT 是否应被看作证券，并在美国证券交易委员会（SEC）上进行注册，已在法律层面展开讨论，尤其在美国已经有相关的案例。根据豪威测试（Howey test，美国最高院在 1946 年的 SEC v. Howey 的判决中使用的一种判断特定交易是否构成证券发行的标准），NFT 是否应被认定为证券，应从以下四点入手判断：其一，是否为金钱（money）的投资；其二，该投资期待利益（profits）的产生；其三，该投资是针对特定事业（common enterprise）的；其四，利益的产生源自发行人或第三人的努力。美国已经发生案例（Jeeun Friel v. Dapper Labs 案），目前尚无定论。

我国对证券的定义较窄，根据《证券法》第二条第一款的规定："证券的范围仅为股票、公司债券、存托凭证和国务院依法认定的其他证券。"因此就目前而言，NFT 被认定为证券存在一定的难度。但是，根据《证券法》第二条第四款的规定："在中华人民共和国境外的证券发行和交易活动，扰乱中华人民共和国境内市场秩序，损害境内投资者合法权益的，依照本法有关规定处理并追究法律责任。"因此，如果 NFT 在国外被认定为证券，那么其发行和交易活动也可能被纳入我国的保护管辖范围。

5.2.5　NFT 涉及的相关法律主体的权利和义务

如前所述，在完整的 NFT 过程中，涉及多个参与者或主体，具体为：原始作品的著作权人（也可能是数字作品的著作权人），NFT 发行人，NFT 铸造 & 销售平台（交易所或拍卖行）和 NFT 的消费者、接受赠与者等。这些主体在此过程中都各自拥有什么样的权利和义务呢？

（1）原始作品的著作权人。对于其享有的权利在前面已进行了详细阐释，在此不再赘述。其义务是，必须遵守转让协议或许可协议的约定，承担相应的职责。

（2）NFT 发行人。负责宣传、推广、销售 NFT 的主体。其依据与原始作品著作权人的合同约定，行使权利，不得损害或侵犯原始作品著作权人的利益。同时，应当严格遵守交易规则及其与购买方之间的交易约定，保障购买方行使权利。

（3）NFT 铸造 & 销售平台。保证遵守合同的约定，即交易规则的约定，铸造方应当尊重著作权人的知识产权，不得侵权，在收集相关数据时应当遵守数据、网络安全相关法律法规。交易平台负有审慎的核查义务，遵守交易规则，不得与他人串通或隐瞒重要信息，损害购买方权益。

（4）NFT 的消费者、接受赠与者。根据交易规则及相关交易协议的约定，正确行使自己的权利，不得损害著作权人的利益。

5.3 NFT 可能面临的法律争议及风险

前面讨论了 NFT 涉及的法律问题，我们已经了解到在 NFT 的选材、铸造、发行、交易、流通、行权等过程或交易环节中，涉及多个不同的参与主体，这些主体在此过程中，可能产生不同的、复杂的多种法律关系。这些复杂的法律关系还需要具体结合 NFT 的应用场景及其代表的权利或权益来界定。NFT 本身是一种元宇宙生态内的重要基础性技术架构，它与现实发生的关联取决于交易主体的赋予和约定。本节接着讨论 NFT 可能面临的法律争议及风险问题。

5.3.1 知识产权侵权风险

如 5.2 节所述，如果将艺术品创建为 NFT，发行人、铸造人需要经艺术品的著作权人授权许可，至少有两种权利必须取得许可，即《著作权法》规定的复制权、信息网络传播权。只有许可了复制权，才可能合法地进行数字化复制；只有许可了信息网络传播权，才可能上链形成 NFT 并进行交易。因此，最低限度须获得艺术品著作权人的这两项权利许可或让渡，获得"复制权 + 信息网络传播权"，是 NFT 的权利来源基础保障。

如果未经著作权人许可，擅自将其作品铸造成 NFT 进行发行和交易流转，则构成侵权。著作权人有权追究相关侵权人的责任，如发行人、铸造人、交易平台，甚至购买人。

此外，如果被许可方超出了著作权人的许可范围，使用了著作权人的其他项权利，同样也构成侵权。

还有一种情形是模仿、剽窃他人的 NFT 作品，这也同样构成侵权。

5.3.2 交易法律风险

从上文介绍中我们得知，NFT 权利或权益大小取决于交易规则及交易双方的约定，但当下 NFT 被大肆炒作，导致各方参与主体均对相关法律风险熟视无睹，进行导致实践中经常出现以下几种情形。

1. 交易标的的定义纠纷

作为交易标的 NFT，其价值取决于其稀缺性以及对应的权益大小，如果交易各方对交易标的的内涵理解产生分歧，就会引发争议。交易规则不清晰，容易产生歧义。交易双方约定不明，或者一方隐瞒重大事实或进行欺诈，都会影响交易的确定性。

2. 交易标的的交付风险

NFT 在交易平台被出售后，售卖方负有交付义务。如果交付的 NFT 与交易规则或双方约定不一致，存在瑕疵，则构成交付违约。如果技术原因导致交付不能完成，则售卖方承担交付不能完成的违约责任。

3. 交易标的的行权风险

NFT 是一种权利凭证，购买方依据交易规则或交易约定行使权利时，如果发现所行使的权利不符合约定和规则，则可以追究违约方的责任。

4. 欺诈行为

如果发行方故意隐瞒重大信息或虚构重要信息，使购买方因此购买了 NFT 产品，则属于欺诈销售行为，受害方有权追究其违约责任，并且可以要求惩罚性赔偿。

5. 电子商务销售的犹豫期及三包

购买方在犹豫期内，可以无理由退货，销售方负有此义务。此外，过了犹豫期，销售方负有法定的三包义务：保修、包退、包换。

5.3.3　交易平台的法律风险

我们认为，作为 NFT 流转过程中的重要媒介，交易平台有着重要的作用，其承担了多种角色与职责，可能存在以下 9 项法律风险。

1. 交易平台的网络安全法律风险

《电子商务法》与《网络安全法》均对交易平台网络安全保障义务做了强制性规定，要确保网络、用户、交易数据的安全等。

2. 交易平台的数据法律风险

《数据安全法》与《个人信息保护法》对交易平台的数据安全能力及个人信息保护均做了明确规定，因此，交易平台应加强数据的安全保障及个人信息的保护。

3. 交易平台的审核义务

交易平台应当对销售方、经营方进行审核，应当对交易标的的重要信息、权利来源、NFT 产品等进行核查，并有配合有关主管部门进行行政管理的义务。

4. 交易平台的拍卖法律风险

如果采取拍卖的方式出售 NFT，则交易平台还应遵守拍卖法的规定，否则将承担有关拍卖法项下的法律责任。

5. 交易平台的宣发风险

交易平台在推广销售过程中，不得虚假宣传，不得违反公募的有关规定。

6. 交易平台的交易规则

交易平台的交易规则与交易合同都是交易中重要的法律文件，交易平台负有制定交易规则，提示交易双方，尤其是提示购买方风险的法律义务，否则可能承担相应的法律责任。

7. 交易平台的知识产权法律风险

交易平台应当对 NFT 权属、权利来源等涉及的知识产权进行核查，建立严格的知识产权保护机制，以免销售侵犯他人知识产权的 NFT。同时，根据"避风港"原则，针对权利人的投诉，应当及时核查，并采取相应的消除措施，否则，交易平台将可能承担连带的知识产权侵权责任。

8. 交易平台的管理职责风险

交易平台应做好用户身份信息管理、用户信息内容管理、交易数据和信息的管理，做好经营者或出售方 / 发行方的资质审核与认证，保障有关各方的权益，以配合有关部门的行政管理。

9. 交易平台的合同义务

作为买卖双方之间的纽带与桥梁，交易平台参与交易，也因此与交易双方实际上产生相应的合同法律关系。交易平台应当严格遵守合同义务。

5.4 NFT 涉及的监管问题

国内 NFT 项目方兴未艾，目前处于探索和初创阶段，主要集中于大的互联网企业，腾讯、阿里、网易等开始试水相关项目。

具体有以下几个项目。

（1）腾讯幻核，目前主要发售艺术家联名数字艺术品。

（2）蚂蚁链，支付宝粉丝粒小程序中限量发售敦煌飞天和《伍六七》的支付宝付款码皮肤NFT；阿里拍卖与新版链共同建设的"区块链数字版权资产交易"频道全国上线并开始预展，主要为文学、游戏、动漫、音乐、美术等著作权人提供数字作品版权资产确权认证、上链交易服务，版权资产凭证合法持有人将拥有数字作品除署名权以外的全部权利；阿里拍卖上线"光笺"NFT数字收藏产品展示平台，采用树图区块链，主要提供NFT存证和展示服务。

（3）网易文创旗下三三工作室发行IP向NFT作品——"小羊驼三三"纪念金币，全球限量发售333枚，售价为133元，用户可通过注册基于Nervos（CKB）的NFT平台"秘宝"接收NFT。网易澳洲NFT发行商MetaList Lab工作室发行《永劫无间》IP授权的系列盲盒，于币安NFT市场上线。

据有关网络媒体报道，2021年10月，监管部门加强了对中国互联网企业发行NFT以及建立NFT平台的监管力度，并约谈了部分互联网企业。目前包括腾讯幻核、阿里（蚂蚁链）等企业都已完全删去NFT字样，改为"数字藏品"等称呼。腾讯幻核对媒体称："腾讯幻核一直致力于在合规框架下落地数字藏品业务，在腾讯幻核平台中的 NFT 业务采用了用户全流程实名、内容全链路审查，且不开放用户间的数字产品转移，坚决抵制虚拟货币相关活动的违法违规行为。腾讯幻核 NFT 的业务逻辑与海外不受监管的 NFT 业务的内在逻辑和外延完全不同，因此本次更名也是再一次向公众表达我们业务的合规方面的高标准和严要求。"

蚂蚁链对媒体称："我们坚决反对一切形式的 NFT 炒作，坚决抵制任何形式的以 NFT 为名，实为虚拟货币相关活动的违法违规行为；坚决抵制任何形式的 NFT 商品价格恶意炒作，用技术手段确保商品价格反映市场的合理需求；坚决抵制以任何形式将 NFT 进行权益类交易、标准化合约交易等违法违规行为，反对 NFT 金融产品化。"

那么，在现有法律体系及监管环境下，NFT 面临哪些可能的监管法律风险呢？

5.4.1 国内 NFT 可能面临的监管问题

以艺术作品 NFT 全生命周期或流程为例，相关主体在各个环节交互中可能产生多个法律关系及法律问题，在 5.3 节中我们已经作了详尽阐释。在整个 NFT 环节与过程中，虽然每个环节都涉及法律问题，但并非每个环节都需要监管，可能的监管主要集中在行业转入资质、经营资质、涉嫌金融服务、网络与数据安全四个方面。

1. NFT 发行问题

根据之前介绍的 NFT 完整过程，其中有三步属于技术实现的方法，技术自身不涉及监管问题，但 NFT 发行可能涉及监管问题。

第一个直接的问题就是，NFT 发行与虚拟货币 ICO 有何不同？如果其本质等同或类似虚拟货币 ICO，则涉嫌违法违规，触碰监管红线。

2017 年，中国人民银行与多个部委联合发布《关于防范代币发行融资风险的公告》，立即叫停各类代币融资活动，要求任何组织和个人不得非法从事代币发行融资活动；加强代币融资交易平台的管理，禁止法定货币与代币、虚拟货币之间的相互兑换业务；要求各金融机构和非银行支付机构不得开展与代币发行融资交易相关的业务。

2021 年 9 月，中国人民银行发布《关于进一步防范和处置虚拟货币交易炒作风险的通知》，进一步明确指出虚拟货币及虚拟货币相关活动的属性，明确提出应对虚拟货币交易炒作风险的工作机制，加强对虚拟货币交易炒作风险的监管。

根据上述规定，虚拟货币 ICO（首次代币发行）属于违法违规，甚至涉嫌刑事犯罪。如果 NFT 发行被认定为与虚拟货币有关的活动，则涉嫌违法违规，触碰监管红线。

这实质上就涉及两个基本法律问题：NFT 的法律本质是什么？其与虚拟货币 ICO 有何不同？

（1）问题一：NFT 的法律本质是什么？

首先，以艺术品 NFT 为例，基于区块链及 NFT 技术协议特点，NFT 艺术品作为 NFT 产品，是一种新型的数字作品。NFT 产品可包含更多信息，包括物理信息、使用信息、身份信息、权利信息、交易信息等，成为具有全量信息的数字资产。其属于原生的、包含全量信息的、以数字形式展现和流转的资产。像数字化后的订货合同、物流单据、发票、保理合同等资产，都属于数字资产。这些数字资产就像证券一样，可流通、可交易。

其次，NFT 符合《电子签名法》《民法典》《民事诉讼法》《人民法院在线诉讼规则》的相关规定，其本质是一种存储于区块链网络的电子数据。NFT 艺术品不只是对作品内容的存证（特指赋予作品所有权的 NFT，可将作品本身内容存于链下或链上），而是将作品内容与作者、藏家、特定场景结合（将相关信息生成哈希值存于公链之上）。一般情况下，NFT 产品明确了作者，将内容特定化，同时通过与智能合约和应用程序结合而与应用场景结合，可以更好地维护作者权益，更充分地发挥作品的价值，也为整个社会带来了更好的开发和应用体验，使相关作品可以更便捷方便地进行交易和流转。

最后，从 NFT 权益（NFT 实物艺术品铸造权益）的角度看，NFT 的法律本质是界定 NFT 艺术品与艺术品原作者、购买方、用户权益之间的关系问题。NFT 作为数字世界的原生性元素，本质上是一种不同质的代币，这个代币的元数据与特定物品相联系，该不同质代币与原始作品数据结合形成了 NFT 产品，而该 NFT 产品可以理解为具有特定使用价值、能够与程序相结合、具有使用价值的数字产品。因此，铸造 NFT 产品的过程，是一种将特定产品信息数据进行数字化并与特定 TokenID 锚定的过程。因此可以说，将特定数据信息以数字化的形式呈现，是 NFT 产品铸造的本质。在铸造 NFT 产品的过程中，可能涉及原始作者著作权的复制权、信息网络传播权等种种权利，这都取决于原著作权人的授权许可。NFT 艺术品的特殊性，在于其可以包含更多与之相关的数据。对于 NFT 的权利许可，因为其与程序结合，所以未来可以通过技术手段实现不同形式的授权和许可，通过法律与科技的结合，权利行使变得更加便捷有效（参见未央网专栏作者张烽的《NFT 艺术品相关法律问题》一文）。

（2）问题二：NFT 与虚拟货币 ICO 有何不同？

结合 NFT 生成过程及其法律本质属性，我们可以看出，NFT 与虚拟货币 ICO 有两大显著不同。

其一，虚拟货币 ICO 发行的是同质化的代币（虚拟货币），而 NFT 是基于区块链底层技术发行的数字资产或权利凭证，前者是同质化的，后者是非同质化的，具有特定性、唯一性与稀缺性。NFT 的权益在于交易规则和交易双方的约定，相当于交易双方将其合约规定的内容进行了区块链存证，使该存证公开透明、不可篡改。该 NFT 的价值，锚定其所代表的权益价值。

其二，虚拟货币 ICO 的发行本质是通过 ICO 方式进行金融融资，购买者购买的是 ICO 代币所锚定的企业产品、某项服务、权益或分红等，其本质涉及公开募集资金等非法金融活动。而 NFT 的发行则一般以单枚 NFT 对应的数字或实物资产等来评估价值，与虚拟货币 ICO 所涉及的问题不同。

虽然如此，实践中人们对此可能存在不同的认识，有关监管部门对腾讯幻核、蚂蚁链的监管约谈已经说明了监管层对 NFT 具有代币发行性质的初步认识。这也给 NFT 予以警示，如果依靠发币融资、炒作套利的模式发展，NFT 将步入虚拟货币的后尘。因此，明辨虚拟货币 ICO 与 NFT 的区别非常关键，用虚拟货币 ICO 的思路发展 NFT 的做法是错误的。

2. NFT 不同界定下的监管问题

NFT 在实践中与不同的实物资产、应用场景相结合，这使 NFT 产生不同的法律定性，这些不同的法律定性可能涉及不同的监管风险。具体归纳如下。

（1）将 NFT 定义为虚拟资产时的监管问题。

NFT 与虚拟资产类似，NFT 支持对价转让、交易、产生收益，具备价值性。NFT 持有人可以占有、使用、处分、获得收益，具有支配权。因此，定义 NFT 为虚拟资产有一定的道理。《民法典》明确了数据、网络虚拟财产被纳入民事财产权利的保护客体范围。因此，如果将 NFT 定义为虚拟资产，则其属于受法律保护的范畴。

（2）将 NFT 定义为数字艺术品时的监管问题。

就目前来看，数字艺术品是 NFT 最主要的存在形式。其生成主要有两种方式：一是直接在线创造并形成 NFT 艺术品；二是将线下实物艺术品铸造为 NFT 艺术品。从 NFT 艺术品的法律性质上看，NFT 艺术品本质上是一种以数字形式呈现的作品（包含作品内容及其相关信息）。从 NFT 艺术品区块链存证的法律效力上看，其本质也是一种存储于区块链网络的电子数据。从 NFT 艺术品铸造权益上看，NFT 艺术品与作者、藏家、用户权益相关，取决于各主体之间的约定与授权。

就目前而言，NFT 艺术品实质上有两大类情形：第一类是全息数字信息，包括作品本身及相关附属信息。该类 NFT 艺术品具有艺术品的一些特性，但并未被归类为法律意义上的艺术品。第二类不包括作品本身，仅是作品某项权利或权益的凭证，并不代表作品所有权的转移，该类 NFT 艺术品本身并不与哈希值化后的相关信息一并存储，此时，它与艺术品相差很远。

如果将上述第一类归为一种新型的 NFT 数字艺术品，则扩展了现行法律对艺术品界定的边界。这种情况下基本不存在监管问题。

此外，网络出版物的丰富多样性与 NFT 相似，并且其表现形式都是数字化作品，但二者并不相同。需要注意的是，目前 NFT 并不等于数字作品，甚至不等于数字作品的存证，其只是数字复制品在链上的一种密码学表达。从形式上看，目前 NFT

最接近网络出版物，但并不属于《网络出版服务管理规定》所规定的任何一种网络出版物（参见零壹财经发表的《NFT形式多样，该如何监管？》一文）。

3. 铸造平台的监管问题

铸造NFT就是将作品用区块链底层技术进行制作的过程，也就是数字化、哈希值化、上链化的过程。那么，具有专业技术的铸造服务机构是否涉及监管问题呢？

（1）关于基于区块链技术铸造NFT的服务者需要的资质。

区块链是NFT的底层技术，NFT是区块链的典型应用。那么，NFT铸造服务提供商是否需要相关资质呢？

《区块链信息服务管理规定》第十一条规定："区块链信息服务提供者应当在提供服务之日起十个工作日内通过国家互联网信息办公室区块链信息服务备案管理系统填报服务提供者的名称、服务类别、服务形式、应用领域、服务器地址等信息，履行备案手续。"

根据上述规定，NFT铸造服务提供商属于上述规定中的区块链信息服务提供者，应当在提供服务之日起十个工作日内向国家互联网信息办公室履行备案手续。

（2）若铸造NFT可能涉及网络出版，是否需要相关资质？

《网络出版服务管理规定》第二条规定："网络出版服务，是指通过信息网络向公众提供网络出版物，网络出版物，是指通过信息网络向公众提供的，具有编辑、制作、加工等出版特征的数字化作品，范围主要包括：（一）文学、艺术、科学等领域内具有知识性、思想性的文字、图片、地图、游戏、动漫、音视频读物等原创数字化作品；（二）与已出版的图书、报纸、期刊、音像制品、电子出版物等内容一致的数字化作品……"。

若NFT铸造平台所提供的NFT铸造服务涉及网络出版服务，根据上述规定，必须依法经过出版行政主管部门批准，取得网络出版服务许可证。

（3）铸造NFT过程必然涉及网络传播，其是否涉及有关监管问题？

铸造NFT必须获得原始作品的两项基本权利：复制权与信息网络传播权。因此，这个数字化的过程必然伴随网络传播（上链）。

《互联网视听节目服务管理规定》第二条规定："互联网视听节目服务，是指制作、编辑、集成并通过互联网向公众提供视音频节目，以及为他人提供上载传播视听节目服务的活动。"

NFT作品（在此特指音频类作品）由制作方进行制作编辑而成，并且通过互联网的形式向公众提供该音频，即属于互联网视听节目，故相关平台所提供的服务属于互联网视听节目服务。根据上述规定，NFT铸造平台须取得相应许可证或履行备案手续。

同时，NFT发行方及铸造平台在实施NFT的过程中，还可能涉及网络文化活动问题。根据《互联网文化管理暂行规定》第八条的规定："申请从事经营性互联网文化活动，应当向所在地省、自治区、直辖市人民政府文化行政部门提出申请，由省、自治区、直辖市人民政府文化行政部门审核批准。"因此，音乐作品 NFT 的铸造、发行和销售是通过区块链技术产生的密码学表达，还为 NFT 买家提供了对原作品或复制品的浏览、使用、下载的权利，因此，应当取得网络文化经营许可证。

4. NFT 交易平台涉及的监管问题

NFT 交易平台从事网络销售（电子商务）业务，需要根据依据《电子商务法》和《互联网信息服务管理办法》的规定，向省、自治区、直辖市电信管理机构或者国务院信息产业主管部门申请办理互联网信息服务增值电信业务经营许可证 ICP，同时申请人取得经营许可证后，应当持经营许可证向企业登记机关办理登记手续。

除此之外，如果 NFT 交易平台涉及利用各种与通信网络相连的数据与交易 / 事务处理应用平台，通过通信网络为用户提供在线数据处理与交易 / 事务处理的服务，则需要申请增值电信业务中的在线数据处理与交易处理业务证书 EDI。同时，如果还涉及上述网络出版业务，则应依法办理出版物经营许可证。

如果 NFT 交易平台涉及网络安全问题，则还应进行信息安全等级保护测评，通过相应测评并取得相应等级证书。

进一步需要强调的是，如果 NFT 交易平台涉及拍卖业务，则需要取得拍卖资质，即网络拍卖经营许可证。

当然，NFT 交易平台从事经营活动，取得工商营业执照及其相关业务的特许资质是必须的，否则可能涉嫌非法经营。

5. NFT 可能涉及的网络安全及数据监管问题

《电子商务法》与《网络安全法》均对 NFT 交易平台网络安全保障义务做了强制性规定，要求确保网络、用户和交易数据的安全等。《数据安全法》与《个人信息保护法》对 NFT 交易平台的数据安全与个人信息保护能力均做了明确的规定，因此，NFT 交易平台应加强数据的安全保障与个人信息的保护。

如果 NFT 交易涉及跨境，则必须符合《网络安全法》中有关网络安全的监管规定，以及符合国家安全、公共安全的有关规定。同时，若 NFT 交易涉及数据跨境问题，必须按照《数据安全法》的相关规定，向有关部门申请备案与审批。

6. NFT 涉及的金融秩序监管问题

如果 NFT 被认定为虚拟货币，则其发行与有关活动可能被认定为非法金融活动，涉及有关金融方面的监管问题。具体包括以下几个方面。

（1）涉嫌类似虚拟货币 ICO 的非法集资。

根据当下中国人民银行与多个部委发布的文件，与虚拟货币 ICO 有关的活动涉嫌非法集资、非法经营等违法犯罪活动。因此，如果 NFT 被认定为虚拟货币 ICO，则可能被采取类似于虚拟货币 ICO 的监管。

（2）涉嫌违反反洗钱、反恐怖及外汇管理的有关规定。

如果在 NFT 交易中从事洗钱等违法犯罪活动，则将承担行政违法或刑事犯罪的法律责任。因此，NFT 交易平台应当做好用户身份认证（KYC），审核交易的真实性与合规性，严格遵守国家反洗钱的法律规定，避免涉嫌洗钱的法律风险。

此外，除了涉嫌洗钱的法律风险之外，NFT 交易还可能触及金融反恐怖的监管要求，在 NFT 交易中，应避免相关的资金涉嫌违反反恐怖的有关法律规定。

如果 NFT 交易涉及跨境支付，还应当严格遵守外汇管理的有关规定，避免逃汇、套汇等违法犯罪行为发生。

（3）涉嫌非法发行证券。

如果 NFT 发行被认定为证券发行，同时 NFT 交易平台采取了公募的方式，即向不特定的人发行或者发行对象超过 200 人，则可能涉嫌非法发行证券。

（4）关于禁止金融机构和支付机构开展与此相关的业务。

在目前，金融和支付机构是被禁止从事与数字货币相关业务的。《关于防范代币发行融资风险的公告》中进一步明确，各金融机构和非银行支付机构不得开展与代币发行融资交易相关的业务，包括提供账户开立、登记、交易、清算、结算等产品或服务。

（5）关于交易平台涉嫌为虚拟货币提供服务问题。

根据各部委于 2021 年 8 月发布的通知，虚拟货币交易所不得从事任何有关虚拟货币的服务，有关交易所逐渐停止中国大陆境内的虚拟货币交易服务。

基于此，如果NFT交易平台被认为对提供虚拟货币的交易负责，则可能被当作虚拟货币交易所被关闭或清退。

7. 其他问题

（1）关于反欺诈、反操纵、反非法使用问题。

NFT交易平台需要实行资产实名制以便于监管，避免反欺诈及反非法使用问题，协助与配合相关监管部门的行政管理工作。

（2）NFT交易平台与智能合约监管。

智能合约体现为代码，而典型的合同是一份具有法律意义的文本。在智能合约的语境下，诚实信用、合同的履行和自动执行、违约责任都嵌入代码。NFT交易平台应当建立健全基于技术、法律和业务角度的智能合约的事前审查、事中监督和事后处理机制。

（3）NFT平台与跨境监管。

任何基于区块链网络创建的钱包都可以与其他钱包进行交互，提供网络价值，一些地区会有自己的钱包。区块链应用天然具有跨境特性。区块链作为信息技术设施，是全球交流的工具与载体，使用者位于不同的国家与地区，其必然适用不同的法律监管。对中国而言，目前资本项目还未完全开放，人民币国际化仍在进程中，如何防止跨境交易冲击是亟须关注的。尤其是NFT加密性质和点对点支付能够绕过资本管制，削弱了跨境资金监管的有效性，同时也加剧了资本跨境流动带来的冲击。

（4）对交易环节及交易主体可能实施的监管。

除上述问题之外，监管机构很可能出于对金融秩序、网络数据安全、消费者权益保护等的考虑进行关键的过程监管。具体包括以下几个方面。

1）针对参与者的监管。针对参与者的监管通常包括要求相关参与者具备法律规定的身份、资质、条件，以及要求保护相关参与者的合法权益。

2）针对交易资产的监管。针对交易资产的监管的核心是参与交易的资产信息是否符合法律规定，如 NFT 协议是否真正实现了相关物品权益。

3）针对代码与算法的监管。基于数字资产的公共属性，数字资产发行与交易更多地依赖代码与算法进行，在针对传统互联网中"大数据杀熟"等侵害合法权益的监管中，算法的透明度、伦理和规范性审查已经开始，这正是基于维护公共利益及其他相关合法权益的考量。

4）针对交易方式的监管。针对区块链开发的交易方式是否符合法律规定，如有关积分、外汇、电子票据等的产品，以及人民币智能合约的应用等，都是监管审查重点。

5.4.2　欧美对 NFT 的监管态度

1. 美国对 NFT 的监管态度

2021 年 3 月，美国 SEC 委员 Hester Peirce 向 NFT 发行者发

出了严厉警告，称分割后的 NFT 可能会被归类为证券。在证券型通证峰会（Security Token Summit）上，行业参与者给出了他们对证券型通证行业最新发展和未来路线图的想法。Peirce 在会中表示："最好不要创建投资产品，那将被归类为证券，并被涵盖在证券法的监管之下。"

这与他此前批评豪威测试的观点一致，豪威测试用于测试资产是否为证券。Hester Peirce 称，豪威测试的逻辑既不能很好地适用于数字资产，也不适用于实物资产。

此外，2021 年 6 月 4 日，美国众议员 Peter A. DeFazio 提交了《Investing in a New Vision for the Environment and Surface Transportation in America Act or INVEST in America Act》[投资于美国环境和地面运输新愿景或者投资美国法案（H.R.3684）]。该基础设施法案增加了一项新条款，扩展税法对"经纪人"的定义，将"任何（为报酬）负责并定期提供任何实现数字资产转移服务的人"包括在"经纪人"之内。

新基础设施法案计划向加密交易所和其他相关各方（钱包开发商、硬件钱包制造商、多重签名服务提供商、流动性提供商，甚至矿工等）采用新的信息报告制度。任何转让数字资产的经纪人都需要根据修改后的信息报告制度提交报告，从而使得与加密货币交互的个人或机构可能必须开始报告他们的交易，以便对加密货币实施征税。

就目前而言，美国对 BTC、ETH 等主流虚拟货币还是持积极的态度，已先后审批了多只有关 BTC 的 ETF 指数基金。而提供 BTC 等主流虚拟货币交易的美国交易所 Coinbase 的上市，也足以证明美国对此行业的宽容。

因此，相对于 BTC 等加密货币而言，NTF 的法律监管理应更为宽松。

2. 欧洲对 NFT 的监管态度

据有关网络媒体报道，欧盟委员会不想将 Facebook 在短期内计划的元宇宙条款添加到即将出台的两项主要立法提案中，以规范数字空间。负责数字业务的欧盟委员会副主席玛格丽特·维斯塔格（Margrethe Vestager）于 2021 年 10 月在柏林的新闻发布会上宣布了这一消息。她同时说："我们对数字经济和数字民主的运作方式了解很多。" 这些是拟议立法数字市场法案（DMA）和数字服务法案（DSA）的基础。

数字市场法案涉及竞争法的各个方面。数字服务法案解决了社会问题。在实施欧盟委员会的建议之前，欧盟国家和欧洲议会必须就一条线达成一致。有了数字服务法案，这可能需要更长的时间。

就目前而言，相对于美国，欧洲对加密货币的态度相对稍微严格一些，但相对于亚洲国家，还是较宽松的。与亚洲的较为明确的监管态度不同，欧洲对于加密货币市场的态度较为宽容，目前还未出台较为明确的禁令，部分国家持肯定态度。乌克兰发布修订后的虚拟资产法案草案，将虚拟资产视为公民合法持有的有价值的无形资产。还有部分国家仍在观望，丹麦最大银行 Danske Bank 表示将会对加密货币交易保持关注。挪威政府提醒消费者注意加密货币的骗局。英国和西班牙计划推出本国的 CBDC。

虽然欧洲也未直接针对 NFT 出台有关监管政策或表态，但从其对加密货币的监管态度而言，对 NFT 的监管肯定更为宽松。

3. 日本与韩国等对 NFT 的监管态度

目前亚洲大多数国家都有了相对清晰的监管框架，中国、泰国、印度尼西亚、土耳其、伊朗、巴勒斯坦、韩国均出台了加密市场的明文禁令，监管思路和政府态度逐步明确。有的国家即使目前没有出具禁令，也在全面开展审查工作。韩国将全面展开市场监督和审查工作。印度政府对加密市场的政策态度一直令人捉摸不定，此前印度政府曾提案禁止加密货币，但随后又表态将解除对加密货币的禁令，近期其监管态度再次转变，将重新审视监管政策，讨论是否禁止加密货币交易。另外，日本已在积极推进加密货币交易所合规化，目前日本持牌加密货币交易所已有 30 多家。亚洲多个国家对于央行数字货币的布局都非常积极，除了中国央行数字货币的推进进度引领全世界以外，日本、俄罗斯、巴勒斯坦等国也已在推进本国 CBDC 业务。

韩国金融监管机构关注这样一个事实，即 FATF 认为 NFT 是"独一无二的，而不是可互换的"。只要 NFT 被用作资产，NFT 就不是虚拟资产，并且不受该组织的加密货币监管框架的约束。

韩国专家认为，NFT 价格可以被操纵并用于洗钱，并且由于它们不被视为虚拟资产，因此发行人无须履行反洗钱义务。尽管监管不明确，但 NFT 行业在韩国蓬勃发展。韩国曾对加密货币交易所实施了严格的注册框架。即便如此，这种情况还是促使巨头币安决定停止提供交易服务。

5.5 NFT 可能的合规应对及其路径

传统的、未锚定任何实物资产的、与现实缺少关联的、本身的价值没有现实依存的、同质化代币 FT，其价值是由市场共识决定的，即只要大多数用户认可其互联网货币属性，其就有价值。这样的货币很容易遭遇价值滑坡的风险，尤其是在监管问题或安全问题出现之后。此外，FT 具有极强的数字货币属性，容易引发非法集资、非法发行证券等违法犯罪。其缺乏与现实世界的连接，游离在现实世界的法律与监管之外，因此，我国严格管控和打击与虚拟货币有关的活动。虽然，美国对此态度宽容，但监管也是极其严格的，只认可 BTC、ETH 等少数几个主流币种。

与传统的 FT 相比，NFT 的最大特点是非同质化，其权利或权益证明更为显著，并且涉及实物资产或与现实权益紧密关联。这些都是 FT 无法比拟的。它们虽然都基于区块链底层技术，但其基因和基础是不同的。FT 的价值取决于链上社区共识，其实很多非主流的基于 ERC20 发行的代币实质上的共识就是发行方的个人意志和最初的经济模型设计。而 NFT 的价值则取决于交易规则及交易双方的约定，其实质是现实世界里的合约，类似金融产品或金融衍生品（基于信任下的合约交易），这是严格受民商事法律保护的。

由此可见，NFT 具有本身可以作为存储现实资产的载体，可以作为依存于共识的数字凭证，也可以作为现实价值的载体，从而更具备价值商品的特性。相比于 FT，NFT 的价值更稳定，具有更强的激励特性，应用范围更广，更像"硬通货"，也不易发生扰乱金融秩序的违法违规问题。

与传统的 FT 相比，NFT 还有更实用的现实价值，具体如下。

（1）更好的版权保护。NFT 的存在意义就是为每个单位的创意作品提供一个独特的、有区块链技术支持的互联网记录，基于其不可大量复制、非同质化的特点，可以通过时间戳、智能合约等技术的支持帮助每件作品进行版权登记，从而更好地保护版权。

（2）更好的资产数字化。资产数字化将实体产业中的资产进行处理后转变为 NFT 代币上传至区块链，除了上述资产流动性的优势之外，NFT 还有其他资产数字化的优势。例如，NFT 的抵押贷款（类似股票、提单、舱单质押）更为快速，放款速度、验证效率也在区块链的海量数据支持之下更为快捷。

（3）资产流动性。NFT通过将资产本身制作成区块链上的代币，通过去中心化的处理方式，大大提高了资产的流动性。

因此，从技术、与现实世界中实物资产的关联性、监管容易程度、实际价值等角度看，相比于FT的监管，NFT的监管理应更为宽松和宽容。这也是有利于作为元宇宙基因的NFT可以健康发展的条件。

结合前面讲的NFT涉及的法律、监管等问题，下面分析NFT在中国现行法律法规及监管环境下可能的合规路径。

分析NFT在中国的合规路径，基本方法就是知己知彼、对症下药。结合前几节分析的NFT可能涉及的法律问题、监管问题，再找到相应的可能解决方案。下面从正、反两个角度分析：第一个角度，针对现有法律法规及监管明令禁止的行为，避免触碰红线；第二个角度，针对现有法律法规及监管明令要求的条件，尽可能靠近或以合规方式进行变通。

先从第一个角度来分析，即如何避开法律法规与监管的雷区。

5.5.1　NFT本土化不可触碰的雷区

1. 不触碰金融业务

在世界各国，金融都属于严监管、高准入的行业，因为它容易引发道德风险、触碰法律法规红线，在我国亦如此。最近几年，金融监管有所加强。我国严厉打击各种非法金融活动。打击虚拟货币相关活动的核心原因在于金融秩序问题。每一条相关政策的出台，基本都由中国人民银行牵头。

首先，坚决不能将发行 NFT 作为或者变相作为融资的手段，触碰金融红线，开展金融业务，这是必须避开的第一个雷区，它事关 NFT 在国内生存与发展的重大问题。如上所述，与 FT 相比，NFT 本身及其指向的虚拟或实体资产，不作为向特定或不特定主体融资的手段，交易的对象仅是标的本身且不可再分，要把握好等价物交换的原则。

其次，不触碰"货币"功能或属性。当下国内已在逐步推广或落地法定数字货币，决不允许出现具有类似货币支付功能的 NFT 代币，防止其演变成具有 BTC 或 USDT 等功能的虚拟货币，何况 NFT 本身及其对应的资产不具备货币的任何属性，所以应避免触碰雷区。

最后，避免卷入洗钱、诈骗、赌博等违法犯罪活动，或者被不法分子所利用而涉及前述违法犯罪活动。

除此之外，应避免保证或承诺投资回报或收益，因为这等于变相金融，属于扰乱金融秩序的行为。NFT 及其相关产品或者其对应的数字、实物资产，不应当具备金融化的属性。对于 NFT 的流通业务必建立防止价格异常变动的防控机制，避免 NFT 及其相关产品、资产出现金融化的现象。

2. 避免误入用途方面的雷区

如果 NFT 随意创新，违背技术特性，成为 FT 类型代币，陷入空气化，无特定用途，则不法分子可能利用 NFT，进行炒作或传销，带来严重问题。

首先，NFT 及其相关产品仅能在发行方搭建的实际应用场景中进行使用且必须具备一定的意义，也就是说，通过 NFT 发行的产品，其用途是特定的，即在应用场景中增强应用的客户黏合度。当然，应用场景对应 NFT 的交易也应当限定在特定主体之间，并且务必降低交易频率，避免炒作的风险。与游戏装备或游戏币一样，应避免多次炒作和流转，谨慎双向多重交易。

其次，根据上述思路，避免 NFT 的 FT 化，成为空心化、虚拟化、纯粹的虚拟代币。NFT 作为一种代币，应当避免代币本身的交易，应当依照其对应的技术协议锚定具体的实物或者虚拟的资产，重在利用该技术的特有优势，服务于现实世界和虚拟世界中人们的合理需求。还要避免 NFT 本身脱离其指向标的，进行空转。

3. 不进行非法经营

首先，从事 NFT 的相关主体，如铸造者、发行方、交易平台等，必须按照相关法律法规及监管要求办理相关证照、资质或备案，不进行非法经营、无证经营、超越许可经营。

其次，避免违反广告法，进行虚假宣传，不正当竞争。

最后，避免误入传销歧路。传销属于严重的非法经营活动，严重者构成犯罪。

4. 不触碰网络数据隐私红线

当下，对网络安全、数据安全、国家及公共安全、个人信息保护的力度及监管力度越来越大，铸造者、交易平台应当遵守网络安全、数据安全及个人信息保护规定，避免触碰雷区。

5.5.2 NFT本土化可能的合规路径探析

1. NFT交易所合规路径分析

在NFT所涉及的各环节中，NFT交易所是一个重要的节点，很多NFT项目本身集发行者、铸造者及交易平台三者身份于一身。NFT交易所在当下法律法规及监管体系下，涉及的监管问题最多，风险最大。因此，我们首先讨论NFT交易所可能的合规路径。

（1）NFT交易所合规路径之一。

根据前面的讨论，NFT交易所在国内可能的合规路径是要避开数字货币交易所以及其他交易所的模式，交易所属于严格监管及高准入的行业，必须严格审批，并且数字货币交易所在国内是被禁止的业态。因此，在交易方式上，应避免出现交易所这样的模式。

在此情况下，一个可行的路径就是网络拍卖模式。因为如果涉及"电子撮合"的竞价模式，则可能被认定为交易所模式，而网络拍卖则需要持牌经营，根据现行对虚拟货币交易所的监管文件，"拍卖"被排除在违法之外。因此，可以尝试申请网络拍卖牌照与资质,或者购买拍卖行控股权或与之合作等方式,在牌照允许范围内进行相关业务。

（2）NFT 交易所合规路径之二。

典当行作为地方金融机构，不仅有融资功能，还有将绝当品进行售卖的合法权利。如果典当行与 NFT 的诉求匹配，可以在其牌照的经营范围内合法合规经营，则可以尝试 NFT 合法合规的路径。

（3）NFT 交易所合规路径之三。

可以考虑协议交易模式，但需要避开线上高频交易可能引发监管的红线。因为如果过度频繁交易，则可能被认定为虚拟货币交易所模式。腾讯幻核、蚂蚁链及网易的模式，可供参考与探讨。

2. NFT 发行合规路径分析

（1）利用联盟链技术建立特定场景下的 NFT 产品。

如上所述，可借鉴网易、腾讯幻核与蚂蚁链的模式进行创新尝试。在创新合规尝试方面，首推学习阿里、网易与迅雷。当年阿里创新推出的支付宝、余额宝、影视宝、众筹等均有合规创新。网易在区块链技术实验中退出的星钻等均是合规创新的案例。

从技术角度分析，腾讯幻核 App 平台的底层区块链技术由腾讯参与的联盟链"至信链"提供，支付宝推出的 NFT 也利用了蚂蚁链。上述两个平台均脱离了以太坊主链，建立了自己的联盟链实现相关产品的交易,而且从源头上对产品进行了限制,防止可能产生的次生合规风险。因此,在现有的国内监管条件下,发行 NFT 相关产品的企业或个人,可以尝试运用区块链技术,利用特定的联盟链实现产品的发行,建立一种特定场景下的 NFT 产品的交易流通模式。

(2)发行权益凭证化的 NFT 资产。

弱化 NFT 作为代币本身的价值导向,充分利用 NFT 所映射的特定资产或者其本身记载的数字资产的价值载体,利用市场的定价机制,对 NFT 所对应的数字资产进行定价。强化 NFT 各类数字产品的链上权益凭证的数字身份,通过 NFT 与实物资产或原生数字资产一一对应的特点,实现其唯一的、不可篡改的链上数字身份认证凭证,以此明确 NFT 产品的法律特性,尽量使其融入现有法规体系的治理。将 NFT 产品定性为使用区块链技术进行唯一标识的数字化或经数字化的特定产品、艺术品或商品,其形式可以多元化,包括但不限于图片、音乐、视频等数字化产品。

如此一来,可以有效地将 NFT 与 FT 区分开来,使 NFT 与实体经济、实物资产锚定,使其成为权益凭证,而非纯粹的虚拟代币。此外,坚守其唯一性、稀缺性,避免 NFT 发行方式创新带来的泛化,如果丧失了唯一性,发行同类别多种 NFT,则可能被认定为 FT,带来监管风险。

(3)建立 NFT 产品与现实资产及交易的同规则与强相关。

NFT 产品交易需要根据其特性就特定环节进行特别的设计安排。在国内现有法律框架下，应避免用虚拟货币进行定价并进行 NFT 产品的二级市场流通。如果需要利用特定物品与 NFT 产品进行交换，一定要将其限定在某一特定场景下且不允许 NFT 产品的进一步交易，以此实现 NFT 产品在特定场景下的内循环。

3. 铸造方的合规路径

铸造方应当尽可能与发行方分离，成为专业的、中立的提供 NFT 技术服务的专业机构。作为铸造方，除了根据《区块链信息服务管理规定》第十一条的规定，向国家互联网信息办公室履行备案手续、依据《网络出版服务管理规定》第二条的规定向出版行政主管部门申请网络出版服务许可证，以及依据《互联网视听节目服务管理规定》第二条的规定取得网络文化经营许可证之外，可以考虑借鉴一些区块链技术服务公司的做法，获得相关的资质和认可。

法律法规与监管总是落后于现实发展，尤其滞后于新兴科技的发展。面对新生事物和创新，除了监管创新与宽容之外，还需要创新者在技术创新的同时，充分尊重法律法规及监管，结合创新特点做好合规创新。NFT 作为元宇宙最重要的基础和基因，已先于元宇宙落地和崛起，成为区块链落地应用中最闪亮的明星，并且正以其连通"链上与链下"资产的新颖特质和应用形态被广泛应用于艺术品、出版、游戏等行业。

随着 NFT 的快速发展，将出现越来越多的法律及监管问题。对于 NFT 而言，其法律规则与监管远比技术发展更为重要，直接制约着 NFT 的发展以及未来元宇宙能否实现。无论对 NFT 从业者还是监管者而言，法律规则与监管都是不得不面临的重要问题。繁荣总是伴随着遍布崎岖的道路与莫测的风险。NFT 该如何发展？其法律性质又将如何认定？监管政策究竟该如何制定？作为 NFT 参与主体应当积极拥抱监管，合规发展，只有如此才能在崎岖的道路上找到合适自己的正确道路，走得更远。作为监管者，应当积极探索创新，除了宽容与宽松之外，还应当具有超前的大智慧。

第
6
章

NFT 在中国的发展

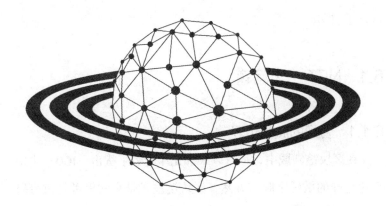

NFT 席卷了世界，特别是在艺术、文创、科技及相关产业领域带给了人们更深、更广的哲思与实操思路。对于中国来说也不例外，NFT 就像一个潘多拉魔盒，我们要做的无非是在打开盒子的时候，尽量去除那些令人着魔的部分，而提取那些给我们带来曙光和希望的部分。以下整理了 NFT 在中国令人不得不思考的三大问题，并对 NFT 的三大参与主体和三大发展形态进行了说明。

6.1　NFT 三大问题

6.1.1　合规的风险边界

在区块链领域中，一直以来都充斥着数字货币、ICO、去中心化这样的敏感字眼。诚然，区块链技术带来的思考是值得研究和深挖的，如分布式存储、协同计算、加密算法等，它们在数据安全、社会治理方面都带来了积极的促进作用和更多有关社会和经济发展的启示。然而一旦涉及金融、微金融或金融创新、金融科技等领域时，人们往往如着了魔一般地追求百倍千倍的利润上涨。区块链技术确实带来了确权、存证和交易上的便利，以至于数字货币的交易可以单纯地依靠每个人自己的意愿——买卖双方的自由选择，但是在不设限、无边界且时刻与金钱和价值有关的数字货币世界中，人性的欲望往往被放大，同时在追逐利益的过程中人们往往容易失去自我并带着他人一同沉沦，从而丧失了作为人或者社会成员的底线。

法律是道德的底线，在区块链的世界中也是这样，区块链与法律结伴而行，出现在人们的视野中。法律风险往往来自市场风险，市场风险则来源于对人性的思考和对欲望的克制。

对于区块链上的明星应用，NFT 自然会使人们产生对通证或数字货币的遐想和隐忧。遐想的部分是 NFT 从本质上来说还是通证，因此除了具有通证原有的属性和功能外，还增添了在特定领域满足人们对科技创新需要的部分；隐忧的部分则来自它的技术所带来的便利和无拘束。对于那些动辄百万、千万甚至过亿美元一枚的 NFT，人们往往趋之若鹜。NFT 的真实价值是否与其市场标价对等，这显然是不确定的，而且在一定时间内很难有人能回答；这从另一个侧面也反映出人们对创新的渴求、对新生事物的认可和对未来想象的务实答复。区块链和NFT 能够让人自然地产生投注信心和资本依赖。然而，就像我们已经经历过的一次技术创新洗礼——".com"时代给我们带来的启示和警醒，对于 NFT，我们需要辩证地看待它带给我们的一切。

回想 20 世纪 90 年代互联网初兴时期，那些曾经红极一时的互联网平台或网站，在 5 年后或 10 ~ 20 年后的今天已默默无闻。NFT 将让我们练就在泡沫、尘沙中提取真正有价值的黄金的能力。它让我们懂得在潮起潮落中，始终坚持起航时的信念，始终回归真正可以从给社会带来价值的部分。在翻腾的时代巨浪中，要想持续飞扬在潮头，只有不停地获得新的能量，才能保持新生。有人说时代是残酷无情的，也有人说时代在不停地给人机会。在 NFT 被拱上潮头时，我们不要认为它代表"永恒"而热烈追随，我们应该从众多项目和案例中汲取养分，同时去粗取精。有潮起就有潮落，我在前进的过程中应始终保持在既定的轨道上，这样潮起时可以思绪翻飞、乘风而上，潮落时可以坚定方向、低空飞行。NFT 并不是单纯的加密货币技术，其附加的内容给人们在与该内容有关领域的垂直深耕研究与横向创新发展指明了方向。理解每一枚 NFT 价格标签背后的原理、产业背景和商业逻辑，将带给我们明晰的行业洞见和高效的发展思路。

6.1.2　现行法律法规的挑战

要了解国家在 NFT 市场执行法律和实施法规的态度，可以先从国家对整个区块链技术和行业的态度上找到一些线索。在市场上，关于区块链我们会听到两种声音：一种声音是区块链大有可为、区块链是下一代互联网、区块链是致富的有效途径；另一种声音则是区块链风险极大、区块链不受监管、区块链都是骗人的。从市场的客观反馈中，可以看到区块链的两面性。

从政府提倡的战略发展方向和鼓励政策来看，区块链于2019年10月24日被上升为国家战略，习近平总书记强调"要把区块链作为核心技术自主创新的重要突破口"，中央和地方由此开始积极学习区块链知识；2020年4月20日，国资委和国家发展改革委员会召开经济运行发布会，正式将区块链纳入"新基建"范畴，由此带来了中国各地方城市及产业园区积极开展区块链试点及鼓励政策发放的现象；2021年6月7日，工业和信息化部、国家互联网信息办公室联合发布了《关于加快推动区块链技术应用和产业发展的指导意见》；2021年10月15日，国家互联网信息办公室会同中央宣传部、国务院办公厅等18个部门和单位组织发布《关于组织申报区块链创新应用试点的通知》。国家对区块链的重视程度可见一斑。

然而在另一方面，从数字货币/虚拟货币发行、融资、交易方面来看，国家对相关非法活动的打击力度也非常大。早在2013年12月3日，中国人民银行、工业和信息化部、银监会、证监会、保监会五部委发布了《关于防范比特币风险的通知》，而该通知也为中国对包括比特币在内的数字货币的态度定了调。2017年9月4日，中国人民银行等七部委发布了《关于防范代币发行融资风险的公告》。2021年5月18日，中国互联网金融协会、中国银行业协会、中国支付清算协会发布了《关于防范虚拟货币交易炒作风险的公告》。以上三则公告奠定了中国对数字货币态度的主旋律，总的来说就是严禁数字货币炒作、数字货币非法融资及使用数字货币发起或参与非法金融活动。

虽然 NFT 已有许多明星案例及项目，但 NFT 及相关领域从发展阶段来看仍处于早期，如新生儿一般待发展成熟。因此，在中国围绕 NFT 产生的相关法律法规仍处于研究和制定阶段。NFT 在区块链技术的各细分门类中，赋能了艺术、创意创作、版权、文创等传统行业，这属于国家支持并提倡大力发展区块链的方向；而 NFT 应用了通证技术，从性质上来看 NFT 也是通证，或者称为数字内容凭证，它的可交易属性依然容易使人们产生对高回报的遐想，因此依旧处于国家对数字货币炒作、融资的打压和管辖范畴内。

6.1.3 发展形态问题

在我国区块链法律法规环境下，NFT 以及与 NFT 有关的项目又会发展出怎样的形态呢？虽然 NFT 在我国的发展具有不确定性，但有一点是可以肯定的：虽然区块链和 NFT 技术具有很大的开放度，但并不是与之相关的功能点都需要使用或者使用完全。区块链和 NFT 最终要为商业和市场服务的，即区块链和NFT 需要为社会环境、市场现状和商业生态带来价值，产生促进和推动建设的作用，而不是相反。区块链和 NFT 需要与商业价值紧密结合，只有其商业价值足够大，它们带来的改变和影响才是正向的；它们需要服务于与实际情况高度关联的市场和各应用场景，使用相关技术的团队和公司应对随之产生的风险和积极反馈进行充分的预估及跟踪，最终让管理者、企业、项目团队、市场、民众多方受益。

诚然，NFT 在中国的发展遇到了较大的挑战，或者说需要解决与中国市场环境相关的实际问题。NFT 本身自带多项颠覆性的技术，因此，有市场需求的地方，就有 NFT 发展的空间，对于行业亟待解决的痛点，就有从 NFT 发展出来的解决方案。

6.2　NFT 三大参与主体

在我国，大体上有三类主体在参与 NFT 生态的建设。

6.2.1　区块链社群

在比特币刚诞生时，区块链的风潮就刮到了国内，感染了一批有热情、有想法的创业者和年轻人。他们孜孜不倦地钻研区块链技术，同时积极寻求区块链在国内的应用场景和解决方案。他们关注数字货币的涨跌，关注比特币行情，更关注数字货币涨跌背后的逻辑和市场背景、每一个区块链项目建设的底层基础设施，以及区块链在国内发展的长期趋势。

他们是一群懂数字货币但又不满足于了解数字货币的人。当NFT的热潮袭来时，他们是第一群拥抱该新兴技术和创新思维的人；特别在NFT与元宇宙、NFT与实体场景、元宇宙与传统领域的融合等方面，他们始终跑在前面，不断挖掘符合实际需求的商业模式和应用场景。他们参与NFT项目构建和NFT本土化的应用，有时也化身发起者的角色，动员对区块链和NFT不了解但有兴趣的人们加入对NFT在国内的发展有正向贡献的大潮。他们是技术开发者、区块链发烧友、企业家、创业者，或者学生、公司职员，甚至公务员和人民教师，他们在传统领域可以拥有任何一种职业标签，但他们对区块链和NFT在国内的发展有美好的期待、大胆的创想和持续的贡献。

6.2.2 区块链创业者

区块链创业者和传统创业者或互联网创业者有很大的不同。他们大多数并不是初始创业者，而是连续创业者。他们有的是从互联网项目起家的，而后逐渐转到区块链领域；有的则是从传统行业直接转到区块链领域。他们要么是传统行业老板，要么是在传统行业企业就职的员工，因为区块链对他们来说有足够大的吸引力，所以他们毅然进入这个领域；而更多的则是在区块链领域通过创新的想法创立了一个又一个区块链项目。在这个世界中总有人要走在前面，不然整个人类社会都会原地踏步。区块链创业者就是典型的"走在前面"的人，他们不断地贡献着自己的思考、能量和行动力，让原本看上去荒芜的土地有了生气，让原本迷茫的人们有了前进的方向。创业者的属性就是把控风险、创新前进，相信持续活跃在区块链领域的创业者们有足够的把控风险的能力，并且他们所开拓出来的成果将使整个行业和社会的获得丰收。NFT 的兴起激活了这群人的活力，甚至带动了更多敢想敢闯的年轻人加入区块链创业者的行列。

6.2.3　互联网大厂

在我国，人们耳熟能详的互联网大厂，如腾讯、阿里、京东、百度、网易等，早已不是"区块链新人"，而是在区块链领域沉浸式发展的"老江湖"。与区块链创业者对成本和风险的思考不同，这些互联网大厂投入大量的人力、财力开发区块链项目，它们敢于投入、敢于试错，也敢于承担风险，它们是区块链创业者们的"大哥"，也是政府、高校及行业协会的得力干将和军师。NFT 的兴起，触动了它们对于商业机会和科技趋势的敏感神经。

无论区块链社群的热情参与，还是区块链创业者的勇于开拓，抑或互联网大厂的大投入决策，都响应了国家的区块链战略发展号召，往国家允许的区块链发展方向稳步前进，在政府风险把控和政策引导范围内寻找惠民利企的新蓝海。

6.3　NFT 三大发展形态

在我国，NFT 的发展形态也主要分为三类。

6.3.1　平台类

平台类发展形态大多是互联网大厂和有资金实力的创业者正在探索的领域，因为建设平台需要一定的开发能力和资金投入，而且许多收入都是滞后的，必须有已有的稳定现金来源，同时紧跟监管和政策步伐，适时地调整出一套符合市场需要同时满足合规条件的推进方案。NFT 在国内大多被称为数字藏品，该品类与传统的艺术品收藏、古玩收藏、潮玩潮鞋收藏的商业逻辑和业务路径比较相似，只不过将收藏的品类和收藏方式均数字化了。这样的平台有腾讯的幻核、阿里支付宝的粉丝粒和依托地方马栏山版权服务中心的优版权等。一般这类平台都承载着 NFT 资产钱包的功能，而且暂时无法支持资产的转出和互相兼容。

在互联网的思维中，用户的日活跃度、月活跃度（即每日或每月打开 App 的频率）即流量，一般互联网企业或主要以互联网思维为主导的创业者不会开放平台的钱包功能，让用户把资产存入其他平台或钱包应用，从而失去用户对自己平台的关注。然而在向区块链的方向发展时，该策略并不是长久之计，而是需要找到获取市场份额与提升用户体验的双管齐下的破局之道。

6.3.2 商品类

许多区块链项目和团队的业务思路会聚焦于 NFT 本身，即售卖 NFT。例如，前面提到的支付宝粉丝粒中的《伍六七》NFT 皮肤，将 NFT 作为一次性商品售卖。作为商品售卖的 NFT，无法向用户明确 NFT 的功能和实用性，因此无法以较高的价格进行售卖，同时作为目前早期在国内探索的 NFT 产品，其后续的延展性和是否有应用场景作为支撑也是未知数。大多作为商品售卖的 NFT，仅在外观与独特审美上吸引买者。相信在未来，要看到 NFT 在行业间与市场中真正以资产的形式交流互动，还需要一个更为庞大的产业体系作为后盾，同时需要在一系列审慎调研后的政府政策在前方引路与鼓励。以此为基础，NFT 的真正价值才能被激发出来，市场活跃与各关联产业经济增长将成为其价值的主要体现。

6.3.3 元宇宙类

元宇宙类发展形态，其实不过是打着元宇宙旗号的游戏产品。游戏中的世界被称为元宇宙，而游戏中的道具则是 NFT。这是不动声色地偷换概念之举，同时随着 NFT 和元宇宙概念的火爆，原本做社交软件的团队也开始打元宇宙的擦边球。元宇宙也复活了一批曾经做 VR、AR、MR 的团队，它使这些团队有了方向，也有了奔头，而产生营收变现的要点又落在了 NFT 的肩头。上面的话虽然非常犀利地直指该类发展形态的要害，但是对 NFT 在国内可落地的商业模式探索也不无价值。NFT 在国内的发展可谓任重而道远，而要在 NFT 领域开疆拓土，缺乏有执行力的团队是不行的；而在开辟任何一条商业路径之前，有执行力的团队建设都需要资金作为支持和稳定营收作为前提。

对于项目和团队来说，找到 NFT 及元宇宙的商业核心才是可持续向前并自我维持的关键。积极与地方政府、传统企业、高校进行沟通、探讨是探索途径之一；使用 NFT 技术赋能实体、带动地方经济，以元宇宙为跳板加深加强用户体验，为用户带来更加立体和多维的产品体验感也是可行路径。原本就在做开放世界游戏的团队和公司更适合向该发展形态转型。

从严格意义上来说，元宇宙也可以是数字版本的地产行业，许多地产项目已经在结合数字化和互联网体验给用户带来更为智慧、智能的居住空间和商业互动。元宇宙除了可以在虚拟世界中开疆拓土之外，是否也可以映射到实体空间和产品，给用户带来更为可信的体验支撑？在此基础上结合 NFT 的售卖、流转和互换模式，这样是否对于政府监管、政策满足、市场定位和经济增长来说更切合实际？或许这样的问题并不是三言两语可以解答的，而是需要通过实践寻找答案。这些与实际结合紧密的问题或许能为国内 NFT 的各项目、团队、用户群体带来一丝曙光，使人们在朦胧中看到新的方向，从而奋起向前。

读书笔记